陳根

Kevin Chen　著

量子航程

揭開未知的科技奧秘探索量子力學的魅力

量子計算
實現計算能力
的指數級增長

量子人工智慧
量子演算法
為人工智慧帶來了
新的發展可能

量子通訊
可以做到安全
不被破譯和竊聽

量子測量
利用量子特性
獲得高校能的
量子測量技術

博碩文化

作　　者：Kevin Chen（陳根）
責任編輯：林楷倫

董 事 長：陳來勝
總 編 輯：陳錦輝

出　　版：博碩文化股份有限公司
地　　址：221 新北市汐止區新台五路一段 112 號 10 樓 A 棟
　　　　　電話 (02) 2696-2869　傳真 (02) 2696-2867

發　　行：博碩文化股份有限公司
郵撥帳號：17484299　戶名：博碩文化股份有限公司
博碩網站：http://www.drmaster.com.tw
讀者服務信箱：dr26962869@gmail.com
訂購服務專線：(02) 2696-2869 分機 238、519
（週一至週五 09:30 ～ 12:00；13:30 ～ 17:00）

版　　次：2023 年 11 月初版一刷

建議零售價：新台幣 500 元
Ｉ Ｓ Ｂ Ｎ：978-626-333-667-4
律師顧問：鳴權法律事務所 陳曉鳴律師

本書如有破損或裝訂錯誤，請寄回本公司更換

國家圖書館出版品預行編目資料

量子航程：揭開未知的科技奧秘探索量子力學
　的魅力 / Kevin Chen(陳根) 著 .-- 初版 .--
　新北市：博碩文化股份有限公司，2023.11
　　面；　公分

ISBN 978-626-333-667-4(平裝)

1.CST: 量子力學

331.3　　　　　　　　　　　　　112018472

Printed in Taiwan

博碩粉絲團　歡迎團體訂購，另有優惠，請洽服務專線
　　　　　　(02) 2696-2869 分機 238、519

前言

量子技術再次引發關注是因為今年的諾貝爾化學獎頒發給了量子科學領域，而 2022 年的諾貝爾物理學獎也是頒發給量子科學領域。由此我們可以看到，量子科學在這個世紀對於人類社會的重要性，它的每一次突破都會引發社會的關注。其實單一的諾貝爾獎並不能促成全世界的關注，其背後更重要的因素則是量子科技的深奧，量子科技背後所隱藏的很多超越當前物理學理論的奧秘，正在吸引著科學家們不斷的深入探索。

不論是從生命科學領域，還是量子計算領域，量子科學的突破都將引發顛覆性的改變。尤其是對於當前的科研，我們需要借助於計算速度，需要借助於人工智慧，而這些的基礎就是計算能力。如果計算能力不能獲得幾何級的突破，不論是人工智慧，還是依賴於計算模型的各種研究，我們都很難獲得更快速的突破。比如在今年 6 月份，微軟 CEO 納德拉（Satya Nadella）表示：我們將長期投資於量子計算，並相信未來十年內將取得突破，讓量子電腦成為現實。而藉助於人工智慧與量子計算的結合，就可以將目前需要 250 年研究時間的化學和材料科學壓縮到 25 年就能完成。

可以說，量子計算、可控核聚變、室溫超導、腦機介面這些技術都是這個時代比人工智慧更具有顛覆性的技術，任何一項技術的成功突破，任何一項技術進入商業化應用，都將會對我們這個時代，以及人類的未來產生巨大的影響。但量子科學是一門基礎物理學科，也是其它前沿技術的基礎，因為量子計算提供的計算能力將決定著其它科研的速度。

而我們基於當前的古典物理，包括基於古典物理下的材料學都已經發展到了一個極致的階段，或者說基於古典物理學的框架下，我們的半

導體已經發展到了性能的臨界。不論是繼續往前的 2nm 或者是 1nm 或者是 0.5nm，在運算能力層面已經很難獲得幾何級增長的可能性。因此，在科學界一直在探索一種新的「超級」技術，也就是量子計算技術。

然而量子科學卻是一門超越傳統古典物理框架下的新技術，當前我們很難真正以簡單的方式將其表達清楚，並且因為其不可觀測性，導致我們很難將其量化。而我們能量化的結果，則又都是基於傳統古典物理框架下所探索與建構的方式與方法。這就導致量子科學的發展面臨著比較大的困境，因為我們一旦使用傳統古典物理去解構超越傳統古典物理理論的新技術，就必然會將這種技術重新帶入到傳統古典實體層面，然後就會再次陷入傳統古典物理的材料極限與認知局限中。

而我寫這本書是為了跟大家探討關於量子科學方面的一些問題，幫助我們更好的理解當前的處境，不論我們是否從事於量子科學的研究，我們都能夠從本書的閱讀中獲得一些啟發，瞭解一些關鍵知識，並且能夠幫助我們拓寬思考的維度。儘管在當下我們不知道這種新的，一種可能會完全顛覆傳統古典物理框架的理論與方法是什麼，但是隨著越來越多的科學家不斷的探索，我們終將會尋找到這種技術的密碼。

量子科學，一項關乎這個時代所有人的偉大技術，值得我們一探究竟。讓我們一起站在前沿科技的視角下，共同來思考關於量子科學的奧秘。當然，由於本人的認知也存在著不同程度的局限性，書中難免有表達不恰當的地方，或者沒有解釋清楚的內容，還忘讀者多多諒解。

陳根

2023 年 10 月 8 日

目錄

基礎篇 發現量子力學

應用篇 遇見量子科技

2 量子計算：重構未來計算
CHAPTER

3 人工智慧 + 量子計算：顛覆未來的力量
CHAPTER

4 量子通訊：守護資訊安全

CHAPTER

5 量子測量：帶來精度革命

CHAPTER

未來篇 通向量子時代

6 領先方案：搶佔量子高地

CHAPTER

7 蓄勢待發：迎接量子革命
CHAPTER

基礎篇

發現量子力學

1
CHAPTER

量子時代：
降臨之日，萬象更新

1.1 | 從古典力學到量子力學

如果要評選物理學發展史上最偉大的時代，那麼有兩個時期是一定會入選的：那就是 17 世紀末和 20 世紀初。

在 17 世紀末，以牛頓《自然哲學之數學原理》的出版為標誌，人類進入了古典物理學的時代；而 20 世紀初，物理學家們則開始探索原子、原子核以及基本粒子這個無聲無形的世界，繼理論和實驗探討之後，一個新的王國橫空誕生，那就是量子王國。

與古典物理學時代相比，將近三百年後的量子時代更是充滿了神秘與輝煌，相對論和量子論的誕生，不僅創造了一個全新物理世界的王國，更是徹底推翻和重建了整個物理學體系，並在今天依然具有深遠的影響。

1.1.1 古典力學的大廈

現今，已經很少有人不知道牛頓的偉大。1688 年，牛頓發表了著作《自然哲學的數學原理》，將人類帶入了古典物理學時代。牛頓的主要成就都雲集在此，即對萬有引力的研究和力學的三大定律。

牛頓認為地球對地面的物體是有力的作用力，且這個力符合「萬有引力定律」，並且證明和完善了克卜勒關於天體運動的定律。關於牛頓發現萬有引力的過程，很多人並不陌生，因為大家都很熟悉牛頓和蘋果的故事，一個倒楣的年輕人，對砸中他的蘋果產生興趣，進而發現了萬有引力定律。

萬有引力並不難理解，即一切的物體之間都存在著相互吸引的力的作用，但就是這個看起來簡單的解釋卻實在是一個非常偉大的發現，萬有引力將人們對於運動的研究，從地上運動拓展到天體的運動。

不過，牛頓的萬有引力定律並不是人類第一次嘗試去解釋神秘的宇宙運動。實際上在牛頓之前，已經有許多科學家對天體的運動很感興趣，並作出了卓有成效的研究結果，其中最著名的就是克卜勒三大定律，而牛頓發現萬有引力定律的過程，也應用到了克卜勒定律。不過，相對於前人的研究成果，牛頓的理論更加的系統全面，也更能解釋很多自然現象，而這一定律的表達方式也更加的簡單 —— 任意兩個質點之間相互吸引，引力的方向在質點的連心線上，而這個引力的大小和質點的品質乘積成正比，與距離的平方成反比。正是有了牛頓的萬有引力定律，人們才能得以解開宇宙運轉的奧秘。我們可以藉此揭示和研究行星環繞恆星運動的規律，以及衛星環繞行星運轉的規律。

另外，牛頓還專門講解了自己關於力學的三大定律，及慣性定律，加速度定律和作用力與反作用力。

要知道，在牛頓以前，人們理所當然地認為，物體的運動需要力的推動，如果要物體持續不斷地運動就要持續不斷地給它以力的推動，就像推動一輛失去動力的汽車一樣，一旦不施加力的作用它就會停下來。這種觀點就像亞里斯多德認為的輕物體比重物體落得慢一樣。

而牛頓認為，當物體沒有受到外力的作用時，它將保持靜止或者等速直線運動，只有當要改變物體的運動狀態時，例如使之由靜止走向運動、由等速運動變為加速運動、由直線運動變為曲線運動，也就是改變物體的運動方向時，它才需要力的作用。用更簡明扼要的話來

說就是「一切物體總保持等速直線運動狀態或靜止狀態，直到有外力迫使它改變這種狀態為止」。也就是說，靜止或者等速直線運動都是物體最「自然」的狀態，如果物體沒有受到外力的作用，它將永遠保持這種狀態。這根本地改變了原來人們想當然地認為的必需用力才能讓物體運動的舊觀念，而這就是牛頓的慣性定律。

加速度就是物體運動速度的改變，它可以是增加，也可以是減小，我們可以將後者看作是一種負的加速度。使物體產生加速度的原因當然是力，也就是說，要使物體由運動變為靜止或是由靜止變為運動，或者使運動的物體速度增加或是小，都需要力的作用。

牛頓把物理的一切運動和形變都歸結於有「力」的存在，如果沒有力，所有的東西都應該不會改變運動狀態；如果有了力，物體就會運動或者形變，力越大，運動就越明顯。

自從牛頓創建古典力學以來，人類利用古典力學進行了第一次工業革命從而大幅提高了生產力，後來的第二次工業革命也有古典力學的影子，直到今天為止牛頓的古典力學還在指導人類生活的各個方面，從火星車降落火星到子彈擊穿目標，這一切都需要用到古典力學。可以說，牛頓深深的影響著 17 世紀之後的人類世界，也在一定程度上加速了科技革命的進程。

1.1.2　晴空中飄來「烏雲」

雖然古典物理學看起來相當完整，但是這種輝煌的年代很快就遭遇了新的挑戰，隨著科學的發展和世界的變革，牛頓的力學在一些特殊的應用情景下居然出現了「失靈」。其中一個典型的問題，就是克耳

文在名為「在熱和光的動力理論上空的 19 世紀的烏雲」的演講中提到的「第二朵烏雲」，即黑體輻射問題。

黑體是物理學家們在熱力學範疇建立的一個理想模型，為了研究不依賴於物質具體物性的熱輻射規律，物理學家以此作為熱輻射研究的標準物體，它能夠吸收外來的全部電磁輻射，並且不會有任何的反射與透射。換句話說，黑體對於任何波長的電磁波的吸收係數為 1，透射係數為 0。一切溫度高於絕對零度的物體都能產生熱輻射，溫度越高，輻射出的總能量就越大，短波成分也越多。隨著溫度上升，黑體所輻射出來的電磁波則稱為黑體輻射。

透過測量黑體實際釋放的輻射，物理學家們發現，黑體輻射並非像古典理論預言的「在紫外區域趨向無窮」，而是在「臨近波譜的可見光區域中間的位置」達到峰值，如圖 1 所示。也就是說，隨著溫度的升高，輻射的能量會先出現一個峰值，再隨波長的減小而衰減。當時的物理學理論無法解釋黑體輻射這一現象，物理學家們也對於這種奇怪的、不符合理論的資料感到很迷惑，也無法理解。

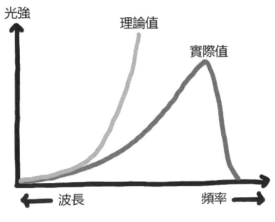

▲ 圖 1

此外，1898 年，居禮夫婦發現了放射性元素釙和鐳。這些發現表明，原子不再是組成物質的最小單位，而是具有複雜的結構。1911 年英國物理學家盧瑟福根據所做的 α 粒子散射實驗提出了著名的原子模型：原子的正電部分和品質集中在很小的中心核即原子核中，電子圍繞著原子核運動 。

但該模型建立後引發了一個問題，即為什麼原子外層帶負電荷的電子並未被帶正電的原子核吸引而被陷入核內？按照古典電動力學，圍繞原子核運動的電子將不斷輻射而喪失能量，最終掉入原子核中而「崩潰」。但現實世界中，原子確實穩定地存在。這也是古典物理學無法解釋的。

古典物理學無法解釋的還包括光電效應。光電效應是光束照在金屬表面時其會發射出電子的現象。這個現象非常奇特，本來電子被金屬表面的原子束縛的牢牢實實，但一旦被一定光線照射，這些電子就開始變得活躍起來。但令人不解的是，光能否在同種金屬表面打出電子來，不取決於光的強度，而取決於光的頻率。顯然，古典物理學的波動理論不適用於這一現象。

另外，原子光譜、固體比熱和原子的穩定性等問題的存在，都讓古典物理學的局限性越發凸顯，人們逐漸意識到古典力學的乏力，也逐漸發現了古典力學的漏洞：在牛頓的古典力學中，時間是絕對的，空間也是絕對的，高速運動與低速運動是絕對的，微觀世界與宏觀世界也是絕對的存在。在這樣的背景下，基於微觀世界的量子力學開始醞釀而生。

　　1900 年，針對黑體輻射問題，德國科學家普朗克提出一個大膽的假設：物體在發射輻射和吸收輻射時，能量變化是不連續的，其是以一定數量詞的整數倍呈現跳躍式變化。隨後，普朗克提出了著名的「普朗克公式」，給出了黑體輻射的能量分佈。同年 12 月 14 日，普朗克向德國物理學會宣讀了《關於正常光譜的能量分佈定律的理論》的文章，報告了他這個大膽的假說，量子力學的初步概念被首次提出，也把人類推進了量子力學的大門。

1.1.3　量子到底是什麼？

　　普朗克雖然將人類帶進了量子的世界，但問題是，量子到底是什麼呢？在認識量子之前，我們先來認識一下物質世界。實際上，從古至今，人們一直在探尋物質的組成，《莊子》裡有這樣一句話「一尺之棰，日取其半，萬世不竭」，意思就是說有一個一尺長的東西，今天取它的一半，明天再取它的一半，這樣一直取下去，永遠也取不完，其中所包含的深意在現代看來，那就是物質可以無限分割下去，永遠不會有窮盡。

　　那麼，到底什麼才是構成這個世界的最基本單位呢？在一代又一代科學家們的不斷探尋下，科學家們終於發現了迄今為止能觀測到的最小的物質 —— 基本粒子。在現代物理學中，標準模型理論裡面指出，世界上存在著 62 種基本粒子，它們是構成世界的基石，一切都是由這 62 種粒子組成。

　　當前，發現的歷程也是蜿蜒曲折的。上世紀初，物理學的突破使得世界進入了原子時代，科學家們發現原子其中還包含有電子核，而

電子核周圍還有圍繞它繞動的電子，原子本身就已經極其微小了，原子裡面的原子核就更加渺小。就比如氫原子，它的半徑約為 5.3×10^-11 米，即 0.053nm，而氫原子核的半徑大約是 8.8×10^-16 米，即 0.88 飛米。氫原子的半徑大約為氫原子核的 6 萬倍，假如把氫原子看成地球那麼大小，半徑 6,400 公里，那麼氫原子核就只有 107 米左右，大致相當於一棟 35 層樓那麼高的大小。但是隨著科學的發展，人們發現，如此微小的原子核，都還可以繼續分割成更小的物質。

這些組成原子核的物質，可以分為很多種類。剛開始的時候，科學家們發現的有光子、電子、質子和中子這四種，後來又陸陸續續的發現了正電子、中微子、變子、超子、介子等等，這些粒子都可以稱為基本粒子。基本粒子在宏觀世界看來都是極其微小的，其中要數質子和中子是比較大的，但是它們的直徑也只有大約 10 兆分之 1 釐米，除了這兩個，其他的基本粒子就更是微乎其微了，一個中微子只有一個電子的萬分之一，而一個電子只有一個質子的兩千分之一左右。

這些基本粒子雖然微小，但都是有品質的，很有意思的是光子，光子很特殊，它的靜止品質為零，一個 40W 的燈泡，一秒鐘發出的光子都是以兆計算的。不過品質最大的要數超子，它可是質子品質的 340 倍之多，但是其存在時間卻是極短的，只有百億分之一秒。

基本粒子還有些很有趣的現象，比如在某些情況下，它們竟然能互相轉化成為彼此，比如正電子和電子，它們具有一樣的外表，一樣的重量，以及一樣的電荷量，只不過一個帶正電，一個帶負電，它們一旦碰撞在一起，便會轉化成為光子。還有質子和反質子相遇可以轉變為反中子等等。

　　現代物理指出，這些基本粒子的這種有趣的現象就是「對稱性」，即只要存在一種粒子，那麼一定存在這種粒子的反粒子，正反粒子相遇時會產生湮滅現象，會變成帶有能量的光子，這也就是物質轉化成能量；相反的是，高能粒子相互碰撞，也有可能會產生新的正反粒子，也就是能量可以轉化成物質。這也就是說，物質和能量可以相互轉換。

　　不僅如此，隨著科學技術的發展，人們還發現基本粒子居然也是由更加微小的更加基本的「基本粒子」構成，比如在質子裡面，還有更小的物質，那就是夸克（quark），每一個質子和中子，它們都是由 3 個夸克組成的，而反粒子則是由反夸克組成。即便是現代最先進的電子顯微鏡，也不能直接觀察到夸克，科學家們只能透過實驗證實它們的存在。

　　現在已知的夸克有 6 種，它們分為上夸克（up quark）、下夸克（down quark）、魅夸克（charm quark）、奇夸克（strange quark）、頂夸克（top quark）、底夸克（bottom quark）。夸克是現代物理所能推導出來的極限小的物質，沒有人知道夸克是否可以再分，以及是否有更加基本的物質存在於夸克裡面。如果物質是可以無限再分的，那麼世界上就根本不存在基本粒子一說，任何物質都可以無限的一分為二下去。

　　而量子正是存在於這樣微觀的世界裡，在舊量子力學時代，也就是普朗克剛剛提出量子這個概念的前十幾年裡，量子往往代表著一種物理量，這個時候，我們可以把量子理解為一份一份不連續的不可分割的基本單元，這也是量子這個詞的拉丁語本意，即代表物質的多少。

　　特別要指出的是，這裡的量子並不是指的某一種實際粒子，比如前面提到的實際粒子有原子、電子、質子等等，但量子僅僅是個虛的概念，除非某些特定場合把它和具體的名詞結合起來，才會代表特定的某種例子，比如說光量子，也就是光子，它指的就是光的基本能量單元。

　　我們可以想像我們爬一座山，連續就像走一個平緩的斜坡，每一步走多少都可以，半米也行，一米也行，而不連續則類似上臺階，我們的每一步都只能上臺階的整數倍，我們能上一層臺階，或者兩層臺階，但不能只上半層臺階，這裡的每一級臺階就是不可分割的基本單元。

　　當然，自普朗克之後，很多物理大師開始不斷完善量子理論，在20世紀上半世紀，那個物理學蓬勃發展的年代，經諸如愛因斯坦、薛丁格、狄拉克、海森堡等人的研究，一套量子理論逐漸建立起來，量子力學進入新時代。

　　而在新量子力學時代，量子一詞則更多地表示為一種性質，比如不確定性、波動性、疊加態等等這種包含量子效應的性質，甚至也可以直接理解為就是波粒二象性，而這也是量子世界的根本特性。所謂波粒二象性，是1924年底德布羅意在愛因斯坦「光量子」假說的基礎上，提出的「物質波」假說，德布羅意認為，既然是波的光可以是粒子，那麼粒子也可以是波，比如電子就可以是波。因此，和光一樣，一切物質都具有波粒二象性。

　　與牛頓力學描述宏觀世界不同，量子理論被用來描述微觀粒子，自此，我們人類才終於可以充分認識所處的世界。

1.2 | 量子力學從舊到新

　　儘管普朗克提出的量子假說成功將人們帶入了量子的世界，但正如量子物理的奠基人尼爾斯·波耳所說：「如果誰不對量子力學感到困惑，他就沒有理解它。」對於人們來說，量子世界依然神秘而陌生，也是因為這樣，量子力學菜吸引著無數科學家為之奔赴和努力，試圖探索和揭秘關於微觀世界的真相。在這個過程中，量子力學理論也經歷了從舊量子力學階段到新量子力學階段，並逐漸成為能夠統治微觀世界，並為人類帶來更多驚喜應用的完善理論。

1.2.1 舊量子力學時期

　　回到普朗克的量子假說，在普朗克提出量子假說之前，主要存在著兩種黑體輻射理論。一種是維恩的公式（維恩位移定律，Wien's displacement law），他的解決方法是從玻爾茲曼運動粒子的角度出發的，體現了物體的離散性特徵。但是維恩公式只能在短波階段符合實驗的檢驗，在長波階段就會失效。另一種是瑞利 - 金斯公式，這個理論是從馬克士威的電磁輻射理論出發進而推導出來，反映了能量的連續性。它雖然在長波階段與實驗資料相吻合，彌補了維恩公式的缺陷，但在短波階段卻反倒失去了維恩公式的優點。

　　於是，為了解決這些問題，普朗克採用內插法，將維恩和瑞利 - 金斯公式結合起來，得到了一個完全符合實驗結果的公式，就是著名的普朗克公式。

普朗克在 1900 年底提出了對他的公式的解釋方案 —— 同年 12 月 14 日，普朗克向德國物理學會宣讀了《關於正常光譜的能量分佈定律的理論》的文章，報告了他這個大膽的假說，即認為諧振子的能量不是連續變化的，只能取某個最小值的整數倍，而那個最小值與振子的頻率成正比，比例係數 h 是從實驗資料擬合得到的所謂普朗克常數。通過這種假設，就得到了普朗克公式。

由於電磁諧振子吸收或放出的電磁波必定與其頻率一致，因此這種振子的能量只能取分立值的觀點也就導致黑體輻射和吸收能量也是一份一份的，稱之為能量子。簡單來說，從黑體中輻射出來的電磁波不能是連續發出的，而是一份一份發出的，每一份就被普朗克稱為一個「量子」。自此，量子力學的初步概念被首次提出，普朗克也成功把人類推進了量子力學的大門。12 月 14 日這個日子也被稱作「量子日」。普朗克作為量子力學的創始人，在 1918 年的時候獲得了諾貝爾物理學獎，1069 號小行星就被命名為普朗克。

當然，普朗克只是量子力學啟航的一個開始，普朗克沒能為這一量子化假設給出更多的物理解釋，他只是相信這是一種數學上的推導手段，從而能夠使理論和經驗上的實驗資料在全波段範圍內符合。很快，愛因斯坦就將普朗克的量子理論進行了完善和發揚。

1905 年，愛因斯坦發表論文《關於光的產生和轉化的一個試探性觀點》，在這篇文章中，愛因斯坦大膽地假設光也是一種不連續的「能量子」，即「光量子」。他提出，光子在靜止的時候品質為 0，運動時會

有品質。但在這當中，「光量子」的說法和牛頓的「微粒」說法是不同的，牛頓認為光是一種有實心的「微粒」，而愛因斯坦所說的「光子」則是量子化的。

愛因斯坦透過進一步研究發現，當光子被發射到金屬板上面時，金屬板上的電子會把光子帶有的能量吸收，如果此一過程吸收了過多的能量，導致不能被原子核所束縛的時候，這時電子就會掙脫束縛，逃到金屬板的表面，這就是「光電效應」。愛因斯坦的論述解釋了為什麼光電子的能量只與頻率有關，而與光強度無關。雖然光束的光強度很微弱，只要頻率足夠高，則會產生一些高能量光子來促使束縛電子逃逸。儘管光束的光強度很劇烈，由於頻率太低，無法給出任何高能量光子來促使束縛電子逃逸。

憑藉「光電效應」的發現，愛因斯坦因此獲得了 1921 年的諾貝爾物理學獎。正因為愛因斯坦，才讓我們對如此平常的光有了更進一步的認識。愛因斯坦對光電效應的光量子解釋不僅推廣了普朗克的量子理論，也為丹麥物理學家波耳（Niels Bohr）的原子理論奠定了基礎。

在波耳工作之前，人們對原子的輻射就有一定的研究。具體來看，1911 年，盧瑟福根據 α 粒子散射實驗，提出了原子結構的行星模型。原子結構的行星模型認為，就像行星圍繞太陽旋轉那樣，電子也圍繞著原子核旋轉。但是根據古典電磁理論，電子在繞核運動的過程中，會輻射出電磁波而逐漸損失能量，螺旋般塌縮到原子核裡。這與實際情況不符，盧瑟福的原子結構行星模型很快破產。

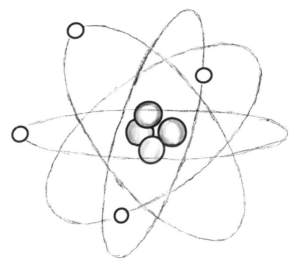

▲ 圖 2　原子結構行星模型

　　於是，1913 年，波耳在盧瑟福模型的基礎上，提出了電子在核外的量子化軌道，認為電子沒有固定的運動軌道，只有隨機出現的軌域。波耳原子模型解決了原子結構的穩定性問題。隨後，波耳描繪出了一套完整的原子結構學說。

　　波耳總結了前人的工作，認為原子中的電子所吸收和釋放的能量都是以不連續的能量子的狀態存在的。與此相對應，電子在原子中所處的可能的勢能位置也必須是離散的，這些位置稱為能階，電子在能階之間的移動稱為躍遷。由於電子不能出現在這些能階之外的任何位置，所以它們不會落在原子核上而導致災難性的湮滅。波耳的理論成功地挽救了原子的有核模型，並將離散化的思想貫徹到亞原子領域。

　　儘管波耳的這個理論對於氦原子或者核電荷數更多的原子還很難完美地解釋。但從普朗克的黑體輻射公式到愛因斯坦在研究光電效應

時提出的光子假說，再到波耳分析原子光譜規律的基礎上提出了氫原子的量子理論，量子科學已然在不斷地發展更新，以上理論也可視為早期的量子理論或舊量子論。

當然，舊量子論只是古典理論與量子化條件的混合物，要真正解釋微觀粒子運動還存在一定的困難。實際上，在這二十多年時間裡，物理學家取得的進展其實非常有限，所有的討論幾乎都是圍繞能量的「量子性」展開：輻射的能量是一份一份的；電子只能處於一些分立的能階。

科學家們開始認識到，這種剛剛誕生的新理論必須作出根本的變革，甚至要改變基本假設。於是，關於量子力學理論的一場革新開始醞釀而生。

1.2.2 量子力學的新生

萌芽期後，很快，量子力學就得到了井噴式的發展。從 1924 年到 1927 年，短短的四年時間裡，一群天資聰穎、勤奮、勇敢、性格各異的年輕物理學家，在沒有任何協調組織的情況下，一起建立了量子力學所有的基本概念和理論框架。終於，理論物理學新時代的曙光開始顯現。人們在尋找微觀領域的規律時，從兩條不同的道路建立了量子力學，從此，物理學入了一個嶄新的時代。其中，玻色子和費米子的發現、波粒二象性假說、矩陣力學和波動力學則成為了新量子力學階段的基石，推動著量子力學向前發展。

玻色子、費米子

第一個發現微觀粒子量子全同性的是印度物理學家玻色，1921年，玻色被達卡大學高薪挖走，他的任務是在達卡大學建一個物理系。在這裡玻色寫下了那篇令他永垂青史的論文。

玻色在他的推導裡引入了一個新的完全突破古典的概念，光子是完全相同、不可區分的。基於這個概念再利用普朗克提出的光量子，玻色在人類歷史上第一次給出了黑體輻射公式的正確推導。玻色的突破是驚世駭俗。在這之前沒有任何人意識到了量子物理和古典物理會有這種本質區別：在量子的世界愛因斯坦將玻色的論文翻譯成了德文，並安排在一個德國的期刊發表了。

不但如此，愛因斯坦立刻將這個概念推廣，既然光子是全同的、不可區分，那麼其他粒子也是一樣的。愛因斯坦預言了著名的玻色 - 愛因斯坦凝聚現象，1995 年物理學家利用超冷原子氣驗證了愛因斯坦的預言。

與此同時，獨立於玻色和愛因斯坦，三個年輕的天才也開始關注這個問題。他們是包立、費米和狄拉克。其中，18 歲高中畢業後剛兩個月，包立就發表了自己第一篇論文，在論文裡他研究了廣義相對論。費米是少數幾個同時精通理論和實驗的物理學家。狄拉克性格孤僻、少言寡語、不善於與別人交流，但這完全沒有影響他的研究。

1922 年，波耳到哥廷根訪問，給了一個系列講座，介紹自己如何用量子理論來解釋為什麼元素週期表是那樣排列的。波耳儘管取得了一些進展，但依然無法解決其中最大的困難，電子為什麼不聚集到

最低的能階上？這個問題從此一直困擾著包立。經過三年多的思考和研究，在他人結果的啟發下，終於，在 1925 年包立把這個問題想清楚了。

包立認為，為了解釋元素週期表，必須做兩個假設：第一，除了空間自由度外，電子還有一個奇怪的自由度；第二，任何兩個電子不能同時處於完全相同的量子態。第一個假設很快被證實，這個奇怪的自由度就是自旋。第二個假設現在被叫做包立不相容原理。

而相較於包立，費米自 1924 年就開始思考電子是否可區分的問題。波耳和索末菲爾德的量子理論完全無法解釋氦原子的光譜。費米猜想主要的原因是氦原子裡的兩個電子完全相同，不可區分，但他一直不知道該如何展開定量的討論，直到看到包立的文章。

在 1926 年，費米連續發表了兩篇論文。費米在文章中描述了一種新的量子氣體，氣體中的粒子完全相同不可區分，而且每個量子態最多只能被一個粒子佔據。這與玻色和愛因斯坦討論過的全同粒子又有所不同，我們前面沒有提及的是，對於玻色和愛因斯坦討論的全同粒子，它們可以佔據同一個量子態。幾個月之後，狄拉克利用一個新方法重新討論了這個問題，系統地給出了全同粒子的性質。

現在我們都知道，微觀粒子分為兩類：一種叫玻色子；另一種叫費米子。光子、氫原子等是玻色子；電子、質子等是費米子。玻色子滿足玻色 - 愛因斯坦統計：同一個量子態可以被多個玻色子佔據；費米子滿足費米 - 狄拉克統計：一個量子態最多只能被一個費米子佔據。

波粒二象性假說

1924 年底，德布羅意在愛因斯坦「光量子」假說的基礎上，提出「物質波」假說，德布羅意認為，既然是波的光可以是粒子，那麼粒子也可以是波，比如電子就可以是波。因此，和光一樣，一切物質都具有波粒二象性。德布羅意在他的博士論文裡圍繞這個觀點開展了大量的定量討論。首先，他認為如果一個粒子的動量是 p，那麼它的波長是 $\lambda = h/p$。其次，他認為既然電子是波，那麼電子圍繞質子就會形成駐波。依照這個思路，德布羅意神奇地重新推導出了波耳的氫原子軌道和能階。最後，德布羅意預言電子也會發生散射和干涉。隨後，科學家透過電子衍射實驗，證實了電子確實存在波動現象。

所有的物質都具有「波粒二象性」，這個大膽的假設轟動了整個學術界。粒子與波是完全不同的兩種物質形態，按照古典物理的觀點，二者根本不可能融合在一起。但愛因斯坦讚賞地認為「一幅巨大帷幕的一角卷起來了。」所有的亞原子粒子，不僅可以部分地以粒子的術語來描述，也可以部分地用波的術語來描述。「粒子」與「波」的古典概念，失去了完全描述微觀粒子運動規律的能力。波耳正是基於這樣的認識，提出來著名的「互補性原理」。

矩陣力學

就在波粒二象性挑戰傳統理論的同時，海森堡和玻恩等正在量子理論的另外一個方向取得突破性進展。我們已經知道，波耳的理論成功地挽救了原子的有核模型，但為了解釋氦原子或者核電荷數更多的原子，波耳幾乎想盡了辦法：改變軌道（能階）的形狀，甚至一度放

棄了能量守恆定律在微觀世界內的普遍有效性。但整體來說這些辦法都沒有很好地解決問題。

　　為此，海森堡對問題的根本做了深刻的反思。他認為失敗的關鍵點在於引入了過多在實際觀測中沒有意義的概念。像「軌道」「軌道頻率」之類的概念，在物理實驗中完全找不到它們的位置。因此他認為應該剔除這些無法觀測的量，只從實驗中有意義的概念出發來改造波耳的理論。海森堡注意到，儘管軌道（能階）是無法直接觀察的，但是從一個能階躍遷到另一個能階所吸收或釋放的能量是有著直接的經驗意義的。這些資料可以填入一張二維表格當中，這些表格後來就演化為量子力學中的可觀測量，它們之間可以進行特定的運算。實際上，這就已經把矩陣及其運算引入到了亞原子物理學的領域中。

　　1925 年 9 月，海森堡發表了一篇論文，論文的題目是《量子理論對運動學和力學關係的重新解釋》，這篇論文具有里程碑的意義。海森堡自己在文中寫道，這篇論文的目的是「建立量子力學的基礎，這個基礎將只包括可觀測量之間的關係。」隨後，波恩、約爾當、狄拉克等人把海森堡的方法在數學上精細化、系統化。這標誌著矩陣力學的誕生，這是現代量子力學體系的直接來源之一。

　　在矩陣力學中，位置和動量這兩個物理量不再用數字來表示，而是分別用一張龐大的表格（矩陣）來表示。這樣一來，位置乘以動量就不再等於動量乘以位置，波恩和約爾當甚至計算出了這兩個乘積之間的差值。這一點最終促使海森堡推導出了著名的「不確定關係」，這個關係說明實驗對動量和位置的測量結果的偏差不能同時任意地小：當位置被非常精確地測量的時候，對動量的測量結果的偏差必然會比較大，反之亦然。

波動力學

薛丁格完成了新量子力學的最後一筆，也是極其重要的一筆，薛丁格的靈感就來自德布羅意的波粒二象性。

1926 年 1 月 27 日，學術期刊《物理年鑒》（Annalen der Physik）收到了薛丁格的論文稿，在這裡，薛丁格提出了他那著名的波動方程（薛丁格方程）和波函數，並利用它們給出了氫原子的正確能階。薛丁格的物質波運動方程，提供了系統和定量處理原子結構問題的理論。除了物質的磁性及其相對論效應之外，它在原則上能解釋所有原子現象，是原子物理學中應用最廣泛的公式。

1926 年下旬，看上去非常不同的矩陣力學和波動力學很快被證明在數學上是等價的。薛丁格首先證明了波動力學與矩陣力學的等價性，之後，狄拉克進一步透過變換理論把矩陣力學和波動力學統一起來。至此，量子力學的理論體系才初步創建完成。

1.3 量子力學迷霧風雲

隨著量子力學的深入發展，量子力學在給科學家們帶來更多的不可思議之外，還給科學家們帶來了更多的謎團，在眾多謎團下，物理學家也逐漸形成了兩派：以波耳、玻恩、海森堡、包立、狄拉克為代表的哥本哈根學派，以及以愛因斯坦、薛丁格等人為首的反對派。正是在兩派物理學家之間的不停地爭論與不斷地驗證中，才促使量子理論的不斷完善。

1.3.1　從不確定性原理到薛丁格的貓

在量子力學的發展史上，人們往往把 1927 年作為量子力學革命的終結：這一年的三月，海森堡提出了不確定性原理；同年九月，波耳則提出了互補性原理。在現今通行的量子力學解釋中，互補性原理已經少有人提及，但不確定性原理或不確定性關係依然是理解量子力學不可卻是的重要內容。

其中，海森堡對於不確定性原理（uncertainty principle）的詮釋，即海森堡的「γ- 射線顯微鏡實驗」。海森堡的這一詮釋通常當成不確定性關係的「推導」或「論證」，其實這是海森堡從自己的哲學立場出發設想的一個思想實驗，對量子力學形式體系的推論的一種語義詮釋。

海森堡在力圖理解雲室中的電子徑跡時，受到了愛因斯坦的「是理論決定了我們能夠觀察到什麼」這一思想的啟發。既然矩陣力學否認電子具有精確的軌道，那麼我們就不可能同時觀察到電子的精確位置和動量。

為此，海森堡設計了著名的「γ- 射線顯微鏡實驗」。按照他的推理，想要精確觀察一個電子的位置，就必須使用能量很高的 γ- 射線，但高能量的 γ- 射線必然會給電子帶來很大的動量擾動。反之，低能量的光子對電子動量擾動較小，但不能同時精確測量電子位置。

簡單來說，海森堡不確定原理是粒子在客觀上不能同時具有確定的位置座標和相應的動量。某一時刻的電子，有可能位於空間中的任何一點，只是位於不同位置的概率不同而已。換言之，電子在這一時刻的狀態，是由電子在所有固定點的狀態按一定概率疊加而成的，稱之為電子的量子「疊加態」。而每一個固定的點，被認為是電子位置的「本徵態」。

　　比如在量子理論中，電子的自旋被解釋為電子的內在屬性，無論你從哪個角度來觀察自旋，都只能得到「上旋」或「下旋」兩種本徵態。那麼，疊加態就是本徵態按概率的疊加，兩個概率的組合可以有無窮多。電子既「上」又「下」的疊加態，是量子力學中粒子所遵循的根本規律。光也是有疊加態的，例如，在偏振中，單個光子的電磁場在垂直和水平方向振盪，那麼光子就是既處於「垂直」狀態又處於「水平」狀態。

　　但是，當我們對粒子（比如電子）的狀態進行測量時，電子的疊加態就不復存在，它的自旋要麼是「上」，要麼是「下」。為了解釋這個過程，海森堡提出了波函數塌縮的概念，即在人觀察的一瞬間，電子本來不確定位置的「波函數」一下子塌縮成某個確定位置的「波函數」了。因此，量子具有不可測量的特性。

　　量子的疊加態，嚴重違背了人們的日常經驗。於是，為了反對哥本哈根學派對量子力學的詮釋，薛丁格提出了一個有關貓的思想實驗，這就是我們至今都耳熟能詳的「薛丁格的貓」。

　　薛丁格假設，有一隻貓被關在一個裝有有毒氣體的箱子裡，而決定有毒氣體是否釋放的開關則是一個放射性原子。在這個實驗裡，如果反射性原子發生衰變，那麼毒氣就會釋放，這個貓就會被毒死。而這個原子是否衰變是不可知的，我們想要知道這隻貓是否死亡，只能打開這個箱子來看。但是在我們沒有打開箱子觀看時，這隻貓是處於生與死的疊加態的，也就是既死又活的狀態。但問題是，一隻貓，要麼是死的，要麼是活的，怎麼可能既死又活？

儘管現實中的貓不可能既死又活，但電子（或原子）的行為就是如此，這個實驗則使薛丁格再次站到了自己奠基的理論的對立面，因此，有物理學家也調侃薛丁格：「薛丁格不懂薛丁格方程。」

儘管遭到了薛丁格的反對，但量子疊加態在上世紀 80 年代量子計算誕生後，已經被人們所深信不疑。其中，量子電腦就是量子疊加態最為典型的應用。

1.3.2 上帝不會擲骰子

根據量子力學的原理，與賭博一樣，世界本身就是一場碰運氣的遊戲，宇宙中所有的物質都是由原子和亞原子組成，而掌控原子和亞原子的是可能性而非必然性，在本質上這種理論認為自然是建立在偶然性的基礎上，而這與人的直觀感覺相悖。所以很多人一時覺得難以接受，其中一位就是愛因斯坦。

愛因斯坦實在難以相信現實世界的本質居然是由機率決定的，以至於說出了「上帝不會擲骰子」這句流傳廣泛的名言。也正是因為愛因斯坦的不相信，拉開了一場關於量子力學的世紀之爭。

愛因斯坦和波耳都是量子力學的開創者和奠基人，但他們對量子理論的詮釋卻是各執己見，針鋒相對。

其中，愛因斯坦的觀點可以用其名言「上帝不會擲骰子」來概括。愛因斯坦強調量子力學不可能有超距作用，意謂著他堅持古典理論的「局域性」。愛因斯坦認為：古典物理中的三個基本假設 —— 守恆律、確定性和局域性，局域性應當是古典力學和量子力學所共有的。其中，守恆律指的是一個系統中的某個物理量不隨著時間改變的

定律，包括能量守恆、動量守恆、角動量守恆等等。確定性說的則是從古典物理規律出發能夠得到確定的解，例如透過牛頓力學可以得到物體在給定時刻的確定位置。

　　局域性也叫作定域性，即認為一個特定物體只能被它周圍的力影響。也就是說，兩個物體之間的相互作用，必須以波或粒子作為仲介才能傳播。根據相對論，資訊傳遞速度不能超過光速，所以，在某一點發生的事件不可能立即影響到另一點。因此，愛因斯坦才會在文章中將兩個粒子間暫態的相互作用稱為「幽靈般的超距作用」。值得一提的是，量子理論之前的古典物理也都是局域性理論。

　　而波耳則認為，測量可以改變一切，他認為沒有測量或觀察粒子之前，粒子的特性都是不確定的，舉例來說，雙縫實驗裡的電子，在偵測器精確測出其位置之前，幾乎可以出現在機率預測範圍內的任何地方，直到你觀察到它們的那一刻，也只有在這一刻它所在位置的不確定性才會消失，根據波耳的量子力學原理，測量一個粒子時，測量這個行為本身就會迫使粒子放棄它原本可能存在的地方，而選擇一個明確的位置，也就是我們發現它的地方，正是測量行為本身迫使粒子做出了這個選擇。

　　波耳認為，現實世界的本質原本就是模糊的、不確定的，然而愛因斯坦不這麼認為，他相信事物的確定性，他認為事物並非在測量或觀察時才存在，而是一直都存在，愛因斯坦說：「我認為不管我有沒有看著月亮，月亮一直都在那裡」，因而愛因斯坦確信量子理論還不夠完整，它缺少描述粒子細節特徵的部分，比如我們沒有看到粒子時，粒子所在的位置，不過當時幾乎沒有物理學家與他的想法相同，儘管愛

因斯坦一直在質疑，但波耳還是堅持自己的想法，當愛因斯坦重複那句「上帝不擲骰子」時，波耳則回應「別告訴上帝他該怎麼做」。

1.4 │ 量子力學的世紀之爭

1.4.1　被糾纏的愛因斯坦

在愛因斯坦和波耳的爭論中，為了證明量子力學的荒謬，終於，在 1935 年，愛因斯坦、羅森、研究員波多爾斯基聯合發表了論文《物理實在的量子力學描述能否被認為是完備的？》，後人稱之為 EPR 文章，EPR 即是三人的名的首字母。這篇文章的論證又被稱為 EPR 弔詭或愛因斯坦定域實在論。愛因斯坦在論文中，第一次使用了一個超強武器，這個武器，就是後來被薛丁格命名的「量子糾纏」。

愛因斯坦構想了一個思想實驗，描述了一個不穩定的大粒子衰變成兩個小粒子（A 和 B）的情況：大粒子分裂成兩個同樣的小粒子。小粒子獲得動能，分別向相反的兩個方向飛出去。如果粒子 A 的自旋為上，粒子 B 的自旋便一定是下，才能保持總體的自旋守恆，反之亦然。

根據量子力學的說法，測量前兩個粒子應該處於疊加態，比如「A 上 B 下」和「A 下 B 上」各占一定概率的疊加態（例如，概率各為 50%）。然後，我們對 A 進行測量，A 的狀態便在一瞬間塌縮了，如果 A 的狀態塌縮為上，因為守恆的緣故，B 的狀態就一定為下。

但是，假如 A 和 B 之間已經相隔非常遙遠，比如說幾萬光年，按照量子力學的理論，B 也應該是上下各一半的概率，為什麼它能夠在

A 塌縮的那一瞬間，做到總是選擇下呢？難道 A 和 B 之間有某種方式及時地「互通消息」？即使假設它們能夠互相感知，它們之間傳遞的訊號需要在一瞬間跨越幾萬光年，這個傳遞速度已經超過了光速，而這種超距作用又是現有的物理知識不容許的。於是，愛因斯坦認為：這就構成了弔詭。

薛丁格讀完 EPR 論文之後，他用德文寫了一封信給愛因斯坦，在這封信裡，他最先使用了術語 Verschränkung（意思是糾纏），這是為了要形容在 EPR 思想實驗裡，兩個暫時耦合的粒子，不再耦合之後彼此之間仍舊維持的關聯。

EPR 弔詭也得到了波耳的回應。他認為，因為兩個粒子形成了一個互相糾纏的整體，只有用波函數描述的整體才有意義，不能將它們視為相隔甚遠的兩個個體 —— 既然是協調相關的一體，它們之間便無須傳遞什麼資訊。

當然，愛因斯坦也沒有接受波爾這種古怪的說法，兩個人直至離世，他們觀點的分歧都依然沒有一個定論。

1.4.2　為量子糾纏正名

關於量子糾纏的正名，還要從貝爾提出著名的「貝爾不等式」開始。愛因斯坦一方堅持認為量子糾纏的隨機性是表面現象，背後可能藏有「隱變數」，貝爾本人也支持這個觀點。他試圖用實驗來證明愛因斯坦的隱變數觀點是正確的。

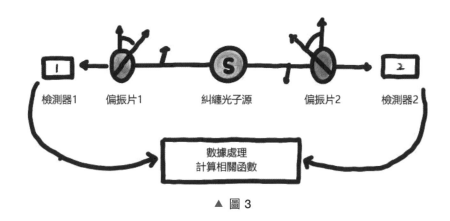

檢測器1　　偏振片1　　　糾纏光子源　　　偏振片2　　檢測器2

數據處理
計算相關函數

▲ 圖 3

貝爾假設了一個圖 3 所示的實驗。根據出生決定論，這些光子的偏振方向都是已經確定好了的，對一個光子的測量結果和對另一個光子的測量結果無關。但在量子力學中，對一個光子的測量結果必然影響另一個光子的測量結果。

比如，做 4 次實驗，分別把左右兩邊的偏振片置於（0°，0°）、（30°，0°）、（0°，-30°）、（30°，-30°）的角度。第一種情況，所有的光子都能通過偏振片。第二三種情況，是分別選擇每一邊的偏振片。第四種情況，是兩邊的偏振片都旋轉。簡單來說，如果對一個光子的測量結果和對另一個光子的測量結果無關，那麼兩邊的偏振片都旋轉的結果≤每一邊偏振片分別旋轉的結果之和，這就是貝爾不等式。但根據量子理論，對一個光子的測量結果必然影響另一個光子的測量結果。那麼，就會出現兩邊的偏振片都旋轉的結果都大於每一邊偏振片分別旋轉的結果之和的情況。

也就是說，如果該不等式成立，愛因斯坦獲勝，如果該不等式不成立，則波耳獲勝。因此，貝爾不等式將愛因斯坦等人提出的 EPR 弔詭中的思想實驗，轉化為真實可行的物理實驗。儘管貝爾的原意是支

持愛因斯坦，找出量子系統中的隱變數，但他的不等式導致的實驗結果卻並沒能成為愛因斯坦理論的支持。

終於，1946 年，物理學家約翰‧惠勒成為了提出用光子實現糾纏態實驗的第一人。具體來看，光是一種波動，並且有其振動方向，就像平常見到的水波在往前傳播的時候，水面的每個特定位置也在上下振動一樣，上下就是水波的振動方向。一般的自然光由多種振動方向的光線隨機混合在一起，但讓自然光通過一片特定方向的偏振片之後，光的振動方向便被限制，成為只沿某一方向振動的「偏振光」。

比如，偏振式太陽眼鏡的鏡片就是一個偏振片。偏振片可以想像成是在一定的方向上有一些「偏振狹縫」，只能允許在這個方向振動的光線通過，其餘方向的光線大多數被吸收了。

實驗室中，科學家們可以使用偏振片來測定和轉換光的偏振方向。光線可以取不同的線性偏振方向，相互垂直的偏振方向可類比於電子自旋的上下，因此，對用自旋描述的糾纏態稍做修正，便對光子同樣適用。

也就是說，如果偏振光的振動方向與偏振片的軸一致，光線就可以通過；如果振動方向與檢偏垂直，光線就不能通過。如果兩者成 45°角，就會有一半的光通過，另一半不能通過。不過，在量子理論中，光具有波粒二象性，並且，在實驗室中完全可以使用降低光的強度的方法，讓光源發出一個個分離的光子。

要知道，單個光子也具有偏振資訊。對於單個光子來說，進入檢偏器後只有「通過」和「不過」這兩種結果，因此，在入射光子偏振方向與檢偏方向成 45°角時，每個光子有 50% 的概率通過，50% 的概

率不通過。而如果這個角度不是 45° 是一個別的角度，通過的概率也將是另外一個角相關的數。

這意謂著，光子既可以實現糾纏，又攜帶著偏振這樣易於測量的性質，因此，科學家們完全可以用它們來設計實驗，檢驗愛因斯坦提出的 EPR 弔詭。正是利用光子的這種特性，約翰·惠勒指出，正負電子對湮滅後生成的一對光子應該具有兩個不同的偏振方向。不久後，1950 年，吳健雄和沙科諾夫發表論文宣佈成功地實現了這個實驗，證實了惠勒的思想，生成了歷史上第一對偏振方向相反的糾纏光子。

1.4.3 量子糾纏在今天

兩個相距遙遠的陌生人不約而同地想做同一件事，好像有一根無形的線繩牽著他們，這種神奇現象就是所謂的「心電感應」。而「量子糾纏」也與此類似，量子糾纏則是指在微觀世界裡，有共同來源的兩個微觀粒子之間存在糾纏關係，這兩個糾纏在一起的粒子就好比是一對有心電感應的雙胞胎，不論兩人距離多遠，千萬公尺或者更遠，只要當其中一個人的狀態發生變化時，另一個人的狀態也會跟著發生一樣的變化。也就是說，不管這兩個粒子距離多遠，只要一個粒子的狀態發生變化，就能立即使另一個粒子的狀態發生相應變化。

北京時間 2022 年 10 月 4 日 17 時 45 分，2022 年諾貝爾物理學獎公佈，授予法國學者阿蘭·阿斯佩（Alain Aspect），美國學者約翰·克勞澤（John Clauser）和奧地利學者安東·蔡林格（Anton Zeilinger），以表彰他們「用糾纏光子進行實驗，證偽貝爾不等式，開創量子資訊科學」。這年的諾貝爾物理學獎授予這三名物理學家，既是因為他們的

先驅研究為量子資訊學奠定了基礎，也是對量子力學和量子糾纏理論的承認。

獲獎者之一的克勞澤教授，就發展了約翰·貝爾的想法，並進行了一個實際的量子糾纏實驗：約翰·克勞澤建造了一個裝置，一次發射兩個糾纏光子，每個都打向檢測偏振的濾光片。1972 年，他與博士生斯圖爾特·弗裡德曼一起，展示了一個明顯違反貝爾不等式的結果，並與量子力學的預測一致。用實驗檢驗貝爾不等式，根本目的在於驗證量子系統中是否存在隱變數，即檢驗量子力學到底是定域的，還是非定域的。

但克勞澤實驗仍然存在一些漏洞 —— 局限之一是，該實驗在製備和捕獲粒子方面效率低下。而且由於測量是預先設置好的，濾光片的角度是固定的，因此存在漏洞。隨後，阿斯佩教授進一步完善了這一實驗，他在糾纏粒子離開發射源後，切換了測量設置，因此粒子發射時存在的設置不會影響到實驗結果。

此外，透過精密的工具和一系列實驗，塞林格教授開始使用糾纏態量子。他的研究團隊還展示了一種被稱為「量子隱形傳態」的現象，這使得量子在一定距離內從一個粒子移動到另一個粒子成為可能。

從貝爾不等式的提出，到克勞澤等的第一次實驗，再到後來對於漏洞的補充和驗證至今，已經過去了 50 多年。所有的這些貝爾測試實驗都支持量子理論，判定定域實在論是失敗的。三位物理學家長期對於量子力學的研究工作，最終為量子糾纏正名，而這對現代科技的意義卻是不容小覷的。至此，愛因斯坦和波爾的世紀之爭也才終於有了結果。

1.4.4　量子糾纏成為強大工具

　　儘管自量子力學理論提出以來，量子糾纏就一直是爭論最多的內容之一，愛因斯坦稱之為鬼魅般的超距作用，薛丁格則說它是量子力學最重要的特徵，但即便是遠離日常生活經驗，量子糾纏在今天都已經獲得證實，並成為了量子領域的強大工具。

　　糾纏的量子態有可能成為儲存、傳輸和處理資訊的新方式。

　　如果糾纏對中的粒子以相反的方向行進，其中一個粒子與第三個粒子相遇，並以某種方式使它們產生糾纏，那麼就會發生有趣的事情。它們會進入一個新的共用狀態。第三個粒子失去了自己的身份，但它原來的屬性現在已經轉移到了之前那對糾纏粒子中落單的那個粒子上了。這種將未知的量子態從一個粒子轉移到另一個粒子的方式，被稱為量子隱形傳態（quantum teleportation）。此類實驗最早是由安東·塞林格及其同事在 1997 年率先完成的。

　　值得注意的是，量子隱形傳態是將量子資訊從一個系統轉移到另一個系統而不丟失任何部分的唯一方法。測量一個量子系統的所有屬性，再將資訊發送給一個想要重建該系統的接收者，是絕對不可能的。這是因為，一個量子系統可以同時包含每個屬性的幾個版本，而每個版本在測量中都有一定的概率出現。一旦進行了測量，那就只剩下了一個版本，也就是被測量儀器讀取的那個版本。其他的版本已經消失了，不可能再知道關於它們的任何事情。然而，完全未知的量子特性可以通過量子隱形傳態來轉移，並完好無缺地出現在另一個粒子中，但代價是這些量子特性在原粒子中被破壞殆盡。

　　這一點在實驗中一經證明，下一步便是使用兩對糾纏粒子。如果每對糾纏粒子中的各一個粒子，以某種方式被糾纏在一起，那麼原糾纏對中未受干擾的那兩個粒子也會變得糾纏，儘管它們從未相互接觸過。這樣的糾纏互換，在 1998 年由安東・塞林格的研究團隊率先證明。

　　糾纏的一對光子，可以通過光纖以相反的方向發送，並在量子網路中發揮訊號作用。兩對光子之間的糾纏，使得這樣一個網路中節點之間的距離有可能延長。光子通過光纖發送的距離是有限制的，太長的話，光子會被吸收或者失去特性。普通的光訊號可以在途中被放大，但糾纏光子對沒辦法這樣做。放大器必須對光進行捕獲和測量，這會打破量子糾纏。然而，糾纏互換意謂著有可能進一步發送原始狀態，從而將其轉移到原本不可能傳送到的更遠距離上。

　　此外，量子糾纏在日常生活中也有著重要的位置，這主要歸因於糾纏的量子之間神秘的相互感應。這種感應，有些類似我們日常所說的雙胞胎之間的感應。我們都知道，雙胞胎之間有很多一致的地方，比如身高長相，還有脾氣和習慣。這種相似性，顯然超出了我們在生物範疇所說的細胞的一致性，而且在日常生活中，我們都知道，雙胞胎之間，似乎有更強的心電感應。

　　實際上，我們自己和他人就彷彿是兩個量子一樣，一個改變，另一個也會有相應地變化，彷彿我們可以感知別人的心理一樣。量子糾纏中，兩個量子的糾纏，使得一個會隨另一個變化，而且不論距離多麼遙遠，這種相互之間的感知一直存在著。可以說，量子糾纏的神秘與神奇也我們打開了新世界的大門，我們在這裡發現未知，也重新定義和認識這個世界。

1.5 | 量子力學登上科技舞臺

雖然愛因斯坦當年提出量子糾纏，是為了證明波耳說法的錯誤，但愛因斯坦估計也沒想到，後來卻被越來越多的實驗證明量子力學的正確性。

20 世紀 30 年代以來，量子力學更是與核科學、資訊學、材料學等學科交叉融合發展，催生了量子科技革命。步入 21 世紀，量子力學又在計算、通訊、測量中的應用日漸豐富，如今，不少技術已經被推廣使用，極大促進了社會的更新發展。一個量子科技的時代還在加速到來。

1.5.1 量子科技浪潮迭起

我們已經知道，量子是構成物質的基本單元，是不可分割的微觀粒子 ── 譬如光子和電子等 ── 的統稱。量子力學研究和描述微觀世界基本粒子的結構、性質及其相互作用，與相對論一起構成了現代物理學的兩大理論基礎。

上世紀中葉，隨著量子力學的蓬勃發展，以現代光學、電子學和凝聚態物理為代表的量子科技第一次浪潮興起。其中誕生了雷射器、半導體和原子能等具有劃時代意義的重大科技突破，為現代資訊社會的形成和發展奠定了基礎。

舉例來看，平時我們常看到一些雷射除斑脫毛的廣告，拿雷射器往臉上一照，色斑就消失了；往胳膊上一掃，體毛也脫落了。這背後其實就利用了量子相關的原理。我們知道，物質都是由原子組成的。

原子中間有一個原子核，原子核外還有在固定軌道上運動的電子，不同軌道上運動的電子具有不同的能量。打個比方，當我們負重爬樓梯，十樓明顯比五樓更累，更高的樓層消耗的能量就越多，而消耗的能量則轉化為我們的重力勢能。換句話說，十樓的重物本身就比五樓的重物擁有更多的能量。在地球上發射火箭也是如此。發射時消耗的燃料越多，就能把火箭送上離地球越遠、本身能量也越大的軌道。原子世界也遵循同樣的規律。我們要把電子送上更高的軌道，就需要給它更多的能量。換句話說，位於較高軌道上的電子，本身也具有較高的能量。

雷射和其他任何光一樣，都是由光子組成的，每個光子都有一定的能量。一般生活裡常見的光，比如太陽光，就包含著許許多多的光子，而且這些光子的能量有大有小。但雷射非常特別，它裡面每個光子的能量都一樣大。這就是雷射與普通光最大的區別。

我們上面已經說過，對於不同軌道，其內部電子的能量是不一樣的。與此同時，每種雷射的光子又都有一個特定的能量。當雷射打到皮膚上時，如果皮膚裡電子的能量與雷射光子的能量不匹配，那它就不會吸收這種雷射。反之，它就會吸收這種雷射。雷射除斑的工作原理就是如此。當雷射照到臉上的時候，好皮膚裡的電子能量與雷射光子能量不匹配，所以會完好無損；而黑色斑塊裡的電子能量與雷射光子能量匹配，所以會吸收雷射並最終被雷射所破壞。

再比如半導體，半導體現在已經廣泛地應用於我們的生活，我們手裡拿的手機，家裡看的電視，還有平時用的電腦，裡面最核心的元件就是用半導體做的。那麼什麼是半導體呢，大家已經知道，原子中

有電子，在一定條件下，電子會擺脫原子核的束縛，在某種材料中自由運動，這就形成了電流。

　　讓我們把運動的電子想像成一輛汽車，把電子跑過的材料想像成一條公路。就很容易理解，電流大不大，或者說汽車跑得快不快，取決於公路的路況。有些材料，它們的路況就很好，汽車在上面可以跑得很快，不會受到明顯的阻礙。這種材料就叫作導體。

　　絕大多數金屬，比如銅、鋁、鐵，都是導體。而有些材料，它們的路況很糟糕，障礙重重，汽車一上路就被堵得水泄不通，根本跑不起來。這種材料就叫作絕緣體。我們常見的陶瓷、橡膠、玻璃，都是絕緣體。但有一些特殊的材料，它們的路況很詭異。路上有不少障礙，一般汽車開上去就會被堵死。但要是外部條件發生變化，比如溫度升高，那汽車就又能在路上開了。這些特殊的材料就是半導體。會發生這麼奇怪的事情還是由於量子力學。半導體的技術實際上是基於由量子力學派生出來的能帶理論，或者固體的能帶論跟量子力學裡的一些重要的結論。

　　半導體電子器件的本質其實就是利用電場來對載流子的輸運進行調控，而載流子的輸運的基礎是在不同的溫度下，對於載流子濃度的控制。半導體電子器件中的物理核心在不同的電子器件當中不一樣，但是一般是 PN 結和 MOS 接觸。而對於 PN 結和 MOS 接觸中載流子濃度的控制需要用固體物理中的能帶理論來解釋和指導。而能帶理論就是由量子力學的規則所建立起來的，也可以說是計算出來的。利用半導體的特性，可以做出一些很有用的電子元件，其中最重要的是二極體和電晶體。二極體有一個非常特殊的性質：在一個方向上給它加上

電壓，就會產生電流；而在相反方向上給它加上電壓，卻不會有電流產生。這就像是城市裡的單行道：你可以沿一個方向開車，但是沿另一個方向開車就不行了。二極體有什麼用呢？它可以在電路裡扮演一個開關的角色。

LED 就是發光二極體的簡稱，LED 的發明者赤崎勇、天野浩和中村修二 2014 年剛獲得諾貝爾物理學獎。LED 燈就是一種特殊的、能夠發光的二極體。使用發光二極體有什麼好處呢？一是它的發光效率非常高，比過去的白熾燈要高很多，這使它變得非常節能。所以現在很多商店，比如宜家，賣的燈泡都是用發光二極體做的。二是它的使用壽命很長，比白熾燈的壽命要長十倍以上。這些優點也讓人們普遍相信，LED 將成為未來最主流的光源。

不過，受限於對微觀物理系統的觀測與操控能力不足，雖然第一次量子科技的浪潮帶來了許多令人驚喜的應用，但這一階段的主要技術特徵是認識和利用微觀物理學規律，例如能階躍遷、受激輻射和鏈式反應，但對於物理介質的觀測和操控仍然停留在宏觀層面，例如電流、電壓和光強。

時間一轉，進入二十一世紀，隨著人們對於量子力學原理的認識、理解和研究不斷深入，以及對於微觀物理體系的觀測和調控能力不斷提升，以精確觀測和調控微觀粒子系統，利用疊加態和糾纏態等獨特量子力學特性為主要技術特徵的量子科技第二次浪潮即將來臨。

量子科技浪潮的演進，有望改變和提升人類獲取、傳輸和處理資訊的方式和能力，為未來資訊社會的演進和發展提供強勁動力。量子科技將與通訊、計算和傳感測量等資訊學科相融合，形成全新的量子資訊技術領域。

當前量子科技主要應用於量子計算、量子通訊和量子測量三大領域，並且展現出在提升運算處理速度、資訊安全保障能力、測量精度和靈敏度等方面突破古典技術瓶頸的潛力。量子資訊技術已經成為資訊通訊技術演進和產業升級的關注焦點之一，在未來國家科技發展、新興產業培育、國防和經濟建設等領域，將產生基礎共性乃至顛覆性重大影響。

1.5.2　引領下一代科技革命

如今，資訊技術革命，特別是人工智慧、量子資訊技術、區塊鏈、5G 技術等新興資訊技術的加速突破和應用，正在推動人類由物質型社會向知識型社會轉變。在知識型社會，資訊的重要性正在超越物質的重要性，成為人類最寶貴的戰略性資源，人類對於資訊的渴求達到了前所未有的高度，而傳統的基於古典物理學的技術已經不能滿足人類在資訊獲取、傳輸以及處理的需求，科技發展遭遇三大技術困境。

第一，計算能力逼近天花板。在大數據時代，一方面，人類所獲取的資料呈爆炸式增長，但巨量資料受制於傳統儲存空間。另一方面，人工智慧技術的發展對計算能力提出了更高的要求，而傳統電腦的運算能力受摩爾定律的限制，難以得到相應提升。雖然可以透過硬體的堆疊實現超級計算，但其計算能力的提升空間極其有限，並且耗能巨大。

第二，資訊安全防不勝防。傳統的資訊加密技術是依靠計算複雜程度而建立起來的，然而，隨著計算能力的提升，這樣的加密系統理論上都可以得到破解，即使是當前依靠運算能力建立起來的區塊鏈也在所難免，資訊安全依然存在一定的漏洞和風險。

第三，資訊精度難以精益求精。傳統古典的測量工具已經不能滿足人類對於精度的需求，越來越多的應用領域需要更加精密的測量，比如，時間基準、醫學診斷、導航、訊號探測、科學研究等，人類急需新技術破解當前技術發展的困境。

針對當前資訊技術所展現出來的困境，基於量子力學的量子科技卻顯示出獨特的優勢，為破解傳統古典技術發展瓶頸提供新的解決方案。

首先，量子電腦將破解計算能力的瓶頸。量子計算以量子位元為基本單元，透過量子態的受控演化實現資料的儲存計算，具有古典計算無法比擬的巨大資訊攜帶和超強的平行處理能力。量子計算技術所帶來的運算能力飛躍，有可能成為未來科技加速演進的「催化劑」，一旦取得突破，將在基礎科研、新型材料與醫藥研發、資訊安全與人工智慧等經濟社會的諸多領域產生顛覆性影響，其發展與應用對國家科技發展和產業轉型升級具有重要促進作用。

其次，量子通訊將破解通訊安全的瓶頸。微觀粒子的量子狀態具備不可克隆性（No-cloning theorem），這就使得任何盜取資訊的行為都會破壞原有的資訊，而被接收者發現。因此，量子通訊從物理原理層面上確保了資訊的不可被盜取和破解，從而實現了通訊的絕對安全。基於量子力學原理保證資訊或金鑰傳輸安全性，主要分量子隱形傳態和量子金鑰分發兩類。量子通訊和量子資訊網路的研究和發展，將對資訊安全和通訊網路等領域產生重大變革和影響，成為未來資訊通訊行業的科技發展和技術演進的關注焦點之一。

最後，量子精密測量破解測量精度的瓶頸。和傳統的測量技術相比，量子精密測量技術可以實現測量精度的飛躍。量子測量基於微觀粒子系統及其量子態的精密測量，完成被測系統物理量的執行變換和資訊輸出，在測量精度、靈敏度和穩定性等方面比傳統測量技術有明顯優勢。主要包括時間基準、慣性測量、重力測量、磁場測量和目標識別等方向，廣泛應用於基礎科研、空間探測、生物醫療、慣性制導、地質勘測、災害預防等領域。量子物理常數和量子測量技術已經成為定義基本物理量單位和計量基準的重要參考，未來量子測量有望在生物研究、醫學檢測以及面向航太、國防和商業等應用的新一代定位、導航和授時系統等方面率先獲得應用。

伴隨著科學技術的不斷進步，量子科技將引領新一輪科技革命，並將逐步影響到社會發展的各方面，推動人類進入量子文明時代。

Note

遇見量子科技

2

量子計算：
重構未來計算

2.1 古典計算 VS 量子計算

理查・費曼是一位天才物理學家。在量子力學領域，費曼不僅因在量子電動力學方面的貢獻獲得諾貝爾物理學獎，更是創造性地提出了量子計算的概念。

1981 年 5 月，費曼在一場演講中提出 —— 用量子電腦來模擬古典電腦難以模擬的量子系統的演化。費曼在演講中稱「自然界並不完全是按照古典力學來運轉的，如果你想對自然界進行模擬，你最好採用量子力學的方式。」

費曼的這一演講，也掀起了物理學界關於量子計算的研究。如今，距離這場演講已經過去 40 年，包括量子計算在內的整個量子資訊學科也從最初鮮少有人關注到成為前沿科技領域的焦點之一。

2.1.1 從古典計算到量子計算

古典電腦的電子計算利用的是古典電磁規律操控物理系統，而量子計算是利用量子力學規律操控物理系統，操縱的是量子位元。

在古典電腦中，位元有 0 和 1 兩種狀態，就像一枚硬幣兩面的關係，假設正面為 0、反面為 1，經過邏輯閘運算後的結果是 0 或 1 間的某一種情況，不會出現既是 0 又是 1 的情況。本質上來說，古典電腦就是我們有一些數位串或者位元，將其作為輸入，用古典電腦對它進行計算，然後獲得輸出結果，古典電腦就是透過數位邏輯來進行運算。

而作為對比，在量子電腦中，量子位元可以既是 0 又是 1，且 0 和 1 不僅能同時存在，還可以在初始化時調節量子位元疊加態中 0 和 1 的

占比，可以同時呈現多種狀態的特性可指數級提高資訊處理的速度。可以想像成一枚旋轉起來的硬幣，在極高的轉速下，人為觀察時可以說它既是正面、又處在反面，這在量子力學中稱作「量子疊加態」。正是這種特性使得量子電腦在某些應用中，理論上可以是古典電腦的能力的好幾倍，甚至幾百、上千倍。

古典電腦中的 2 位元暫存器一次只能儲存一個二進位數字，而量子電腦中的 2 位元量子位元暫存器可以同時保持所有 4 個狀態的疊加。當量子位元的數量為 n 個時，量子處理器對 n 個量子位執行一個操作就相當於對古典位執行 2n 個操作，這使得量子電腦的處理速度大幅提升。

假設我們有一個由 3 個量子位元構成的計算器。對 3 位元的古典系統而言，二進位的 101 加上二進位的 010 得到 111，即十進位的 5+2=7。而對 3 個量子位元的系統，每個量子位元都是 0 和 1 的疊加，一次就能表示 0 到 7（十進位）這 8 個數。當我們輸入 2（二進位 010），並發出運算指令後，所有 8 個數都開始運算，都加 2，並同時得出 8 個結果。也就是說，一個古典的 3 位元系統一次計算只能得到一個結果，量子系統一次計算就可以得到 8 個結果，相當於 8 個古典計算同時進行運算，從某種意義上講，相當於把計算速度提高到 8 倍。

並且，根據量子力學，在微觀世界，能量是離散化的，就像不停地用顯微鏡放大斜面，最後發現所有的斜面都是由一小級一小級的階梯組成一樣，量子並不是某種粒子，它指代的是微觀世界中能量離散化的現象。量子系統在經過「測量」之後就會塌縮為古典狀態。也就是說，運算後，古典電腦得到 1 個確定的數，量子電腦得到 8 個不確

定的數。然而，量子計算的結果不能全部輸出，因為一旦輸出，量子疊加態就會塌縮成 8 個數值中的一個，就再也找不回其他數值了。

這種塌縮，在量子計算領域被稱為「去相干」現象。去相干使得量子系統回到古典狀態，疊加態塌縮到固定的本徵態，粒子之間不再互相糾纏。去相干如果發生在計算過程中，就會影響運算結果，使量子計算出現錯誤。

但不論如何，量子計算都展現出了前所未有的優勢。顯然，與古典電腦的線性不同，量子電腦的計算能力隨著量子位元數量的增加呈指數增長。正是這種能力賦予了量子電腦同時處理大量結果的非凡能力。

當處於未被觀測的疊加狀態時，n 個量子位元可以包含與 2n 個古典位元相同數量的資訊。所以，4 個量子位元相當於 16 個古典位元，這聽起來可能不是一個很大的改進。但是 16 個量子位元卻相當於 65,536 個古典位元，300 個量子位元所包含的狀態比宇宙中估計的所有原子都要多 —— 這將是個天文數字。這種指數效應就是人們為什麼如此期待量子電腦的原因所在。可以說，量子電腦最大的特點就是不可觀測、速度快。簡單的說就是，又快又安全。

舉個例子，蛋白質由一長串的氨基酸構成，當它們折疊成複雜的形狀時，就會成為有用的生物機器。因此，弄清楚蛋白質的折疊方式是一個對生物學和醫學都具有重要意義的問題。

一台傳統的超級電腦可能會嘗試用蠻力折疊蛋白質，利用眾多處理器檢查各種可能的化學鏈彎曲方式，然後再得出答案。但隨著蛋白質序列變得越來越長、越來越複雜，超級電腦就會停止運行。一條由

100 個氨基酸組成的鏈，理論上可以用數兆種方式中的任何一種方式折疊。目前沒有哪台電腦所具有的工作記憶體，足以處理單個折疊的所有可能組合。

而量子計算卻能透過一種新方法來解決這一複雜的問題。比如，創建一個多維空間，以便在這些空間中識別單個資料點之間的關聯。

量子計算可以使用量子位元的疊加態來表示多維空間中的資料點。這意謂著，一個量子位元可以同時代表多個可能的數值，而多個量子位元組合在一起可以形成一個高維的向量空間。在蛋白質折疊問題中，我們正是需要找到氨基酸之間的關係和相互作用，這些關係構成了蛋白質折疊的模式。

傳統的古典計算方法可能需要嘗試大量的可能性，而量子計算可以在多維空間中更有效地尋找這些關聯和模式。並且，隨著量子硬體規模的擴大和這些演算法的進步，它們可以解決對任何超級電腦來說都過於複雜的蛋白質折疊問題，這將大幅縮短對應領域的研發突破。

2.1.2 超越古典計算

當量子計算在某個問題上超越現有最強的古典計算時，就被稱為實現了「量子霸權」，或「量子計算優越性」。量子霸權的概念由美國理論物理學家 John Preskill 於 2011 年提出。目前，普遍認為，實現量子霸權是量子計算從理論實驗走向通用的開端。

2019 年，Google 率先宣佈實現「量子霸權」，一把把量子計算推入公眾視野，激起量子計算領域的千層浪。

　　根據 Google 的論文，該團隊將其量子電腦命名為「懸鈴木」，處理的問題大致可以理解為「判斷一個量子亂數發生器是否真的隨機」。「懸鈴木」包含 53 個超導量子位元的晶片，僅需花 200 秒就能對一個量子線路取樣一百萬次，而相同的運算量在當今世界最大的超級電腦 Summit 上則需要 1 萬年才能完成。200 秒之於一萬年，如果這是雙方的最佳表現，就意謂著，量子計算對於超級計算具有了壓倒性的優勢。因此，這項工作也被認為是人類歷史上首次在實驗環境中驗證了量子計算優越性，被《Nature》認為在量子計算的歷史上具有里程碑意義。

　　第二年，也就是 2020 年，中國團隊宣佈量子電腦「九章」問世，挑戰 Google「量子霸權」實現運算能力全球領先。「九章」作為一台 76 個光子 100 個模式的量子電腦，其處理「高斯玻色取樣」的速度比最快的超級電腦「富岳」快一百兆倍。史上第一次，一台利用光子建構的量子電腦的表現超越了運算速度最快的傳統超級電腦。同時，「九章」也等效地比 Google2019 年發佈的 53 個超導量子位元的電腦原型機「懸鈴木」快一百億倍。這一突破使中國成為全球第二個實現「量子霸權」的國家，並將量子計算研究推進下一個里程碑。

　　基於量子的疊加性，許多科學家認為，量子電腦在特定任務上的計算能力將會遠超任何一台古典電腦。但從目前來看，實現量子霸權仍然長路漫漫。這與量子霸權實現的條件相關。

　　科學家們認為，當可以精確操縱的量子位元超過一定數目時，量子霸權就可能實現。這包含了兩個關鍵點，一是操縱的量子位元的數量，二是操縱的量子位元的精準度。只有當兩個條件都達到的時候，才能實現量子計算的優越性。

　　然而，不論是用 54 個量子位元實現了量子霸權的「懸鈴木」，還是建構了 76 個光子實現量子霸權的量子計算原型機「九章」，雖然科學家操縱量子位元的數量在不斷提高，但同時也面對著越來越嚴峻的量子計算精準度的技術難題。

　　究其原因，一方面，與古典位元不同，量子位元容易受到外部干擾和噪音的影響。這包括熱雜訊、電磁干擾等。這些干擾會導致量子位元的誤差，從而降低了計算的精確性。而隨著量子位元數量的增加，噪音和誤差的影響也會增加，這對於建構大規模量子電腦來說是一個嚴重挑戰。在大規模系統中，精確度問題可能會變得更加突出，因為誤差可能會在不同量子位元之間傳播並相互作用，導致不可預測的結果。

　　另一方面，量子位元能夠維持量子態的時間長度，被稱為量子位元相干時間。其維持「疊加態」（量子位元同時代表 1 和 0）時間越長，它能夠處理的程式步驟就越多，因而可以進行的計算就越複雜。而當量子位元失去相干性時，資訊就會丟失，因此量子計算技術還需要面臨如何去控制，以及如何去讀取量子位元，然後在讀取和控制達到比較高的保真度之後，去對量子系統做量子糾錯的操作。目前，沒有任何量子電路是 100% 可靠的（它們都會引入錯誤），並且隨著完成計算所需的時間以及所涉及的量子位元數量增加，所犯的錯誤也會增加。

2.1.3　量子計算會取代古典計算嗎？

　　一直以來，實現量子霸權都是量子計算的一座高峰，這同時也展現出了量子計算不可比擬的優勢。可以說，量子計算的未來前景、可應用方向非常廣闊，那麼，這是否代表著量子電腦將取代古典電腦？

　　答案顯然是否定的。比如，Google 的「懸鈴木」量子計算優越性的實現需要依賴其樣本數量。當採集 100 萬個樣本時，「懸鈴木」將比於超級電腦將擁有絕對優勢，而當採集 100 億個樣本的話，古典電腦仍然只需要 2 天，可是「懸鈴木」卻需要 20 天才能完成這麼大的樣本採集，使得量子計算反而喪失了優越性。

　　此外，目前，量子電腦的優越性都只針對特定任務。比如，Google 的量子電腦就針對的是一種叫做「隨機線路採樣（Random Circuit Sampling）」的任務。一般來說，選取這種特定任務的時候，需要經過精心考量，該任務最好比較適合已有的量子體系，同時對於古典計算來說很難模擬。

　　這意謂著，量子電腦並不是對所有的問題都強過古典電腦，而是只對某些特定的問題強過古典電腦，因其對這些特定的問題設計出高效的量子演算法。對於沒有量子演算法的問題，量子電腦則不具有優勢。並且，今天，古典計算的演算法和硬體仍在不斷優化，超算工程的潛力更是不可小覷。只是對於傳統古典計算而言，在現有的物理理論與材料性能方面受到了限制與挑戰。而超維計算可能是傳統古典計算突破的一個方向。

　　幾乎可以預期的是，未來的很長時間內，古典電腦和量子電腦將會共存，各自負責不同的計算領域。而隨著量子計算技術的成熟，今後的電腦極有可能同時包含古典和量子兩部分，各自處理自身優勢的計算任務。

　　比如，在處理複雜問題時，量子計算將會非常有用。在複雜問題中，使用者將會有許多不同的輸入變數以及複雜演算法。在古典電腦

上，這樣的計算將會耗費很長的時間。量子電腦可以縮小可能的輸入變數和問題解決方案的範圍。在完成這一步驟後，透過量子電腦提供的輸入範圍，再代入到古典電腦中，便可以直接獲得答案。

不過，從長遠來看，在世界範圍內的佈局和發展下，未來，量子計算將徹底消除時間障礙，成本障礙也將隨之降低，但在真正像傳統電腦那樣具有通用功能的通用量子電腦成型之前，量子計算也依然需要一段漫長的探索過程。

2.2 | 為量子計算打造量子演算法

正如古典計算一樣，量子計算想要運行，也需要遵循一定的演算法 —— 就像普通演算法是用來支援普通電腦解決問題的程式一樣，量子演算法是為超高速量子電腦設計的演算法。量子演算法不僅成全了量子電腦的無限潛力，也為量子人工智慧帶來了新的發展可能。

2.2.1 量子演算法的里程碑

1985 年，英國牛津大學教授大衛‧德伊奇（David Deutsch）首次提出了量子圖靈機模型，並且設計了第一個量子演算法 Deutsch 演算法。1992 年，德伊奇又和英國劍橋大學教授理查‧喬薩（Richard Jozsa）對早期 Deutsch 演算法進行了拓展，給出了它在 n 個量子位元下的演算法。這是人類歷史上首個利用量子特性設計出來，專門針對量子電腦的演算法，開創了量子演算法的先河。

同時，Deutsch-Jozsa 演算法還說明了比起古典電腦，量子電腦能夠更快速、更有效地解決一些特定的問題，顯示出了量子電腦巨大的潛力。

不過，當時的技術水平和工程能力還十分低下，且理論物理學家對於量子的特性也尚未完全瞭解，這些量子演算法還停留在紙面設想階段。直到上世紀 90 年代，量子演算法才開始從紙面設想走向實際應用。在量子演算法的研究中，出現了三個里程碑式的重要演算法：Shor 演算法、Grove 演算法和 HHL 演算法。

Shor 演算法

1994 年，貝爾實驗室的彼得・秀爾（Peter Shor）提出一種量子演算法，可以利用量子電腦自身固有的平行運算能力，在可以企及的時間內，將一個大的整數分解為若干質數之乘積。因此，Shor 演算法也叫質因數分解演算法，是一種用來破解 RSA 加密的量子演算法。

RSA 加密演算法是 1977 年由 Ron Rivest、Adi Shamir 和 Leonard Adleman 一起提出的。該演算法基於一個簡單的數論事實：將兩個質數相乘較為容易，反過來，將其乘積進行因式分解而找到構成它的質數卻非常困難。比如，計算 $17 \times 37 = 629$ 是很容易的事，但是，如果反過來，要找出 629 的質因數就非常困難。並且，正向計算與逆向計算難度的差異隨著數值的增大而急劇增大。

對古典電腦而言，破解高位數的 RSA 密碼基本不可能。一個每秒能做 1012 次運算的機器，破解一個 300 位元的 RSA 密碼需要 15 萬年。然而，Shor 演算法卻能夠利用量子電腦快速找到整數的質因數。

比起傳統已知最快的因數分解演算法、普通數域篩選法還要快了一個指數的差異。

根據美國國家科學、工程和醫學院 2018 年發表的量子計算報告預測，運行 Shor 演算法的量子電腦將能夠在一天內破解 RSA 1024 位加密。破解 300 位元的密碼，不過是一秒鐘的時間。彼得．秀爾因此榮獲 1999 年理論電腦科學的最高獎 —— 哥德爾獎。

Grove 演算法

1996 年，貝爾實驗室的洛夫．格羅弗（Lov Grover）提出了 Grover 量子搜尋演算法，Grover 量子搜尋演算法也被公認為繼 Shor 演算法後的第二大演算法。Grover 演算法的作用是從大量未分類的個體中，快速尋找出某個特定的個體。

比如，在下班的高峰期，要從公司回到家裡，開車走怎樣的路線才能夠耗時最短？最簡單的想法，當然是把所有可能的路線一次一次的計算，根據路況計算每條路線所消耗的時間，最終可以得到用時最短的路線，即為最快路線，這樣依次將每一種路線計算出來，最終對比得到最短路線。

如果使用古典電腦搜尋，一個一個地嘗試每條路線，逐個計算它們的所需時間，最終找到最短的路線。這需要按照路線的數量來搜尋，如果有 N 條路線，那就需要搜尋 N 次。然而，採用 Grover 演算法的量子電腦卻可以以非常高效的速度進行搜尋。Grover 演算法利用了量子疊加的特性，允許同時處理多個可能的路線。這意謂著，當路線數量為 N 時，**Grover** 演算法只需要大約 $\sqrt{N}$ 次的搜尋，當路線數量是

100 條時，古典電腦和量子電腦的搜尋次數差別是 100 次和 10 次，而當路線數量是 100 萬條時，差別就是 100 萬次和 1000 次。

除了加快搜尋速度以外，在讀取結果之前，Grover 演算法讓量子電腦重複進行某些「操作」來改變待輸出的量，使它剛好等於目標的概率增加到接近 1。然後，人們再從電腦中讀取輸出態。也就是說，Grover 演算法讓電腦在被人測量之前，盡可能地減小誤差率。這樣就同時解決了系統塌縮和誤差較大的問題。

HHL 演算法

2009 年，MIT 三位科學家阿朗・哈羅（Aram Harrow）、阿維那坦・哈西迪姆（Avinatan Hassidim）和賽斯・勞埃德（Seth Lloyd）聯合開發了 HHL 演算法。

HHL 演算法的主要用途，就是求解線性方程組。在科學和工程領域，線性方程組是一個常見的數學問題，通常用於建模和解決各種問題。一個典型的線性方程組可以表示為 $Ax = b$，其中 A 是一個已知的矩陣，x 是待求解的向量，而 b 是已知的向量。解決線性方程組意謂著找到 x 的值，使得等式成立。古典電腦通常需要多項式級別的時間來解決這個問題，但當線性方程組的規模變大時，計算成本將會迅速增加。

而 HHL 演算法作為一種利用量子計算的演算法，它可以在某些情況下以指數級的速度解決線性方程組問題。它的核心思想是將線性方程組的係數矩陣 A 編碼為一個量子態，然後透過操作這個量子態來找到解 x。

HHL 演算法的指數級加速效果使其在多種領域都具有巨大的潛力，尤其是在機器學習和資料擬合中，這些領域通常涉及到大規模的線性方程組。透過將量子計算引入這些問題，可以顯著提高計算效率，從而使得處理大規模資料和複雜模型更為可行。

2.2.2　量子演算法在今天

Shor 演算法、Grove 演算法和 HHL 演算法是通用量子演算法的代表，在通用量子演算法發展的同時，專用量子演算法也進入了繁榮發展的階段。

從 2009 年開始，以 Google、IBM 為代表的一些企業，開始把規模化量子電腦的工程化作為主要的發展方向。他們從兩個位元開始，後來逐漸做到幾十量子位元的規模。隨著研究的深入，大家意識到實現大規模圖靈完備的通用量子電腦是一個超出目前工程化水平太多的技術。在規模化還沒有達到足夠大的情況下，很多科學家轉而研究非圖靈完備的專用量子計算架構。此類專用量子架構捨棄了邏輯閘，但比起通用量子計算更加容易實用化，可以在一些專業領域，解決某種特定類型的問題。

在此過程中，很多專用的量子演算法出現了。這其中包括一些優化的演算法：如變分量子特徵值求解演算法（Variational Quantum Eigensolver，VQE）、量子近似優化演算法（Quantum Approximation Optimization Algorithm，QAOA）等；還有一些採樣的演算法，包括玻色採樣（Boson Sampling）、量子隨機遊走（Quantum Walk）等演算法，此外還有美國斯坦福大學提出的 CIM 相干伊辛機（Coherent

Ising Machine）、以 D-Wave 公司為代表的量子退火演算法（Quantum annealing）等。

特別值得一提的是量子退火演算法。量子退火演算法是基於電路的演算法的替代模型，因為它不是由閘建構的。「退火」本質上是一種將金屬緩慢加熱到一定溫度並保持足夠時間，然後以適宜速度冷卻的金屬熱處理工藝。目的是對金屬材料和非金屬材料降低硬度，改善切削加工性，也可穩定尺寸、減少變形與裂紋傾向以及消除組織缺陷。簡而言之，「退火」解決的是材料在研製過程中的硬體工藝不穩定問題，而「量子退火」則是解決組合優化等數學計算中的非優解問題。

量子退火就是透過超導電路、相干量子計算（CIM）實施雷射脈衝等方式、以及基於模擬退火（SA）的相干量子計算，與數位電路，如現場可程式設計閘陣列（FPGA）等一起實現的量子演算法。量子退火先從權重相同的所有可能狀態（候選狀態）的物理系統的量子疊加態開始運行，按照含時薛丁格方程開始量子演化。

根據橫向場的時間依賴強度，在不同的狀態之間產生量子穿隧，使得所有候選狀態不斷改變，實現量子平行性。當橫向場最終被關閉的時候，預期系統就已得到原優化問題的解，也就是到達相對應的古典易辛模型（Ising Model）基態。在優化問題的情況下，量子退火使用量子物理學來找到問題的最小能量狀態，這相當於其組成元素的最佳或接近最佳組合。

除此之外，隨著人工智慧（AI）技術的蓬勃發展，量子演算法也進入了 AI 領域。究其原因基於量子的疊加和糾纏等原理，非常適於解決人工智慧和機器學習中核心的優化（Optimization）過程類問題，所

以從 2018 年開始，以 Google 為代表的企業紛紛開始投入量子人工智慧，特別是與深度學習相結合的領域。

具有代表性的成果包括 Google 公司在 2020 年提出的 Tensorflow Quantum（TFQ）框架。TFQ 是一種量子 - 古典混合機器學習的開放原始程式碼資料庫，允許研發人員在設計、訓練和測試混合量子古典模型時，可以模擬量子處理器的演算法，在最終連線時，還可以在真實量子處理器上運行這些模型的量子部分。TFQ 可用於量子分類、量子控制和量子近似優化等功能。

量子人工智慧的研究範疇還包括量子卷積網路 QCNN、量子自然語言處理 QNLP、量子生成模型 QGM 等。包括斯坦福大學等在內的單位還在進行量子神經元（CIM Quantum Neuron）方向的研究。

不過，雖然量子演算法許諾了人們無限美好的計算前景，但當前，量子演算法的執行仍然缺乏可用的量子硬體 —— 這些演算法所缺乏的是，與之相對應的，具有足夠量子位元的，足夠強大的量子電腦。

2.3 ┃ 逐夢量子電腦

隨著量子演算法的發展，科學家所面臨的重要的課題之一，就是如何去建造一部真正的量子電腦來運行這些量子演算法。

2.3.1　如何打造一台量子電腦？

2000 年，物理學家 DiVincenzo 提出了 5 條標準，並認為只有滿足這 5 條標準的物理體系才有望建構出可行的量子電腦：

　　一是可定義量子位元。量子位元是量子電腦的基本單位，類似於古典電腦中的位元。

　　不同之處在於，量子位元不僅可以表示 0 和 1 的狀態，還可以處於疊加態，即同時處於 0 和 1 的狀態。以及這兩個態之間的任何線性組合。這意謂著量子位元具有一種超越古典位元的能力，可以處理並儲存更多的資訊。量子位元的另一個重要特性是量子糾纏。當兩個或多個量子位元之間發生糾纏時，它們的狀態之間會產生一種奇特的關聯，即使它們在空間上相隔很遠。為了建構實際的量子電腦，我們需要能夠精確地控制和操作量子位元。這包括在疊加態和糾纏態之間轉換，執行各種量子閘操作來執行計算任務，以及確保量子位元的穩定性和保真度。因此，可定義量子位元是建構量子電腦的第一步。

　　二是量子位元有足夠的相干時間。相干時間是一個衡量量子位元的穩定性和可操作性的參數。在量子計算中，我們需要對量子位元執行各種操作，例如量子閘，以進行計算任務。這些操作要求量子位元能夠保持在疊加態中，否則它們將無法正確地執行計算。相干時間衡量了在沒有干擾的情況下，量子位元可以保持疊加態的時間長度。然而，相干時間通常受到環境干擾的影響，包括熱雜訊、輻射和其他外部因素。這些干擾會導致量子位元的相干性衰減，使其無法維持疊加態。因此，相干時間也可以被看作是量子位元能夠在干擾下保持可操作性的極限。

　　足夠長的相干時間對於量子電腦的功能非常重要。要知道，量子電腦的運算速度和能力取決於其執行的量子閘操作。這些操作需要在疊加態下進行，而疊加態的維持需要足夠長的相干時間。如果相干時

間太短，量子位元將在操作之間失去疊加性，從而無法正確執行計算。此外，一些重要的量子演算法，如 Shor 演算法用於因數分解和 Grover 演算法用於搜尋，都依賴於量子位元的疊加性。這些演算法的性能和效率取決於相干時間是否足夠長。

三是量子位元可以初始化。初始化是指將量子位元的狀態置為特定的 0 或 1，以便進行量子計算的起始。在古典電腦中，位元的初始狀態是確定的，可以被設置為 0 或 1。然而，在量子計算中，由於量子位元的疊加性質，初始化變得更加複雜。量子位元的初始化影響著量子計算的準確性和可重複性。

當然，初始化對於量子電腦來說並不總是容易的。由於量子位元的敏感性，實現精確的初始化可能需要複雜的硬體和控制方法。因此，一直以來，科學家都在努力開發高效、準確的初始化技術，以提高量子電腦的性能和可用性。

四是可以實現通用的量子閘集合。類似於古典電腦中的邏輯閘（如 AND、OR、NOT 等），量子閘是用於執行特定操作的元件。然而，與古典邏輯閘不同，量子閘操作是基於量子力學的原理，允許對量子位元的疊加態進行操作。

通用的量子閘集合包括一組量子閘，這組閘可以用來建構任何量子演算法，從而實現量子計算的通用性。這些量子閘包括 Hadamard 閘、CNOT 閘、相位閘等，它們能夠執行一系列操作，例如創建疊加態、糾纏態、執行量子糾錯等。通用量子閘集合的存在保證了量子計算的可程式設計性，使得我們能夠設計和執行各種量子演算法，從因數分解到優化問題，解決了古典電腦無法高效解決的問題。

　　五是量子位元可以被讀出，這也是量子計算的最終步驟。在量子計算中，量子位元的狀態通常表示為疊加態，而要獲得可理解的古典資訊，我們需要將量子位元的狀態映射到古典位元上，即進行讀出。讀出過程通常涉及到對量子位元進行測量操作。這個操作會導致量子位元塌縮到一個確定的狀態，同時給出測量結果。這個測量結果是我們從量子計算中獲得的資訊，它代表了計算的輸出。

2.3.2　離子阱量子計算

　　基於 DiVincenzo 提出的 5 條標準，許多量子系統都被設想為量子電腦的基礎架構，例如偏振光子、腔量子電動力學、離子阱以及核磁共振等等。而考慮到系統可擴展性和操控精度等因素，離子阱與超導系統走在了前面。

　　離子阱是最早嘗試實現量子計算的物理體系。該體系實現量子計算的理論方案最早由歐洲的 Cirac 和 Zoller 於 1994 年提出，同年，美國國家標準與技術委員會（NIST）開始了該方向的實驗研究。早在上世紀 50 年代末，離子阱就被應用於改進光譜測量的精確度。

　　離子阱的工作原理非常簡單，就是利用電荷與磁場之間的相互作用力來約束帶電粒子的運動，從而實現量子位元的控制。這種控制力度非常高，因此離子阱技術在穩定性方面表現出色。來自杜克大學的 Jungsang Kim 教授曾表示：「囚禁離子可以生成非常穩定的量子位元。它們提供穩定且隔離程度良好的量子系統。」

　　美國對於離子阱技術投入了很多關注，其中，馬里蘭大學量子計算的核心人物 Chris Monroe 就是離子阱量子電腦路線的忠實探索者，

Chris Monroe 還在 2016 年與 Jungsang Kim 一起組建了量子計算公司 IonQ。

2018 年 12 月 11 日，IonQ 公佈了兩個新型離子阱量子電腦，它具有 160 個儲存量子位元和 79 個量子位元；2023 年 5 月，IonQ 宣佈，其量子電腦 IonQ Aria 系列的最新旗艦量子系統，正式在 AWS 量子計算雲端平台 Amazon Braket 上線，其演算法量子位元高達 25，是當前世界上最強大的商用量子電腦之一。

IonQ 目前使用捕獲離子量子位元，其中技術涉及雷射刺激離子發射光子，光子和離子的糾纏，以及糾纏的光子轉移到另一側以糾纏兩個離子阱。IonQ 方法的優點是離子可以很容易地相互作用，而要在量子的技術中達到相同的效果，需要將相應的離子「挑選」到相應的區域，然後與雷射相互作用。

另一大離子阱量子計算巨頭、霍尼韋爾的子公司 Quantinuum 也在 2023 年 5 月推出了第二代量子電腦 H2，並利用它創造了一種尋找已久的神秘粒子 —— 非阿貝爾任意子，邁出了建構容錯量子電腦的關鍵一步。

除了 IonQ 和 Quantinuum，奧地利公司 AQT 也給出了一個新的架構。AQT 的 19 英寸機架由一個光學機架和一個「陷阱」機架組成，包括光學系統、通訊和讀出系統、放大器和電子設備、光纖路由和交換機以及其他核心模組。光機架主要包括光發生、交換和路由模組及相關電子設備，包括相干射頻 (RF) 和數位訊號發生模組，而「陷阱」機架則容納主陷阱模組和相關驅動電子設備，以及通訊和遠端控制集線器。

此外，QDOOR 開發的尖端量子計算測控系統 Qusoul 擁有中國首個具有自主智慧財產權的 ARTIQ(量子物理高級即時基礎設施) 架構。該架構系統處於量子資訊實驗的最前沿，作為先進的控制和資料獲取系統，是目前全球最先進、應用最廣泛的量子測控系統之一。

儘管離子阱方案技術上較為成熟，但可擴展性有限，限制了它向實用化量子電腦的發展。所謂可擴展性指的是系統上可以增加更多的量子位元，從而才能走向實用化量子電腦。

2.3.3　超導量子計算

目前，被學界認為可擴展性最好的方案是超導技術。所謂超導，是指當溫度降低到一定程度，某些材料會出現零電阻和完全抗磁性的現象。超導量子電腦的核心組成部分是一種稱為約瑟夫森（Josephson junction）的超導電子器件。約瑟夫森是一種「超導體—絕緣體—超導體」的三層結構，兩塊超導體通過奈米尺度的絕緣層連接。

上世紀 80 年代以來，科學家們在超導約瑟夫森電路中陸續觀測到能階量子化、量子穿隧等宏觀量子現象。與原子、光子等天然量子系統相比，基於約瑟夫森的超導量子位元的能階結構是可透過對電路的設計來定制，並且也可透過外加電磁訊號來進行調控。

由於超導量子位元的尺寸在微米量級，比一般的量子系統大 1000 倍，在設計加工上可以直接採用許多低溫微電子學器件的製作技術。之所以必須要極低溫，是因為約瑟夫森量子電路用到的光子能量比可見光要小 5 個數量級。如此低能的能階，想要保持其中量子態的相干性，環境中的雜訊就必須遠低於這個能階差。因此，超導量子電腦必須要配備稀釋製冷機，在極低溫的條件下才可以工作。

在這一技術路線上，美國的 IBM 公司正在全球範圍內引領發展。根據目前的趨勢，包括 Google 在內的其他超導量子計算公司都難以在短期內超過 IBM。可以說，IBM 代表了美國在超導量子計算領域的國際地位。IBM 宣佈推出 433 量子位元 Osprey，它不僅在量子位元數方面領先，而且還因為其多層佈線提供了訊號路由和設備佈局的靈活性。將讀出和控制所需的電線和元件分離到單獨的層中，有助於保護脆弱的量子位元免受損壞，並允許處理器合併更多量子位元。

在中國，阿里巴巴投資了潘建偉的團隊，在中國科技大學上海研究院成立了中科院─阿里巴巴量子計算聯合實驗室，把超導方案作為重心來支持。

中國潘建偉院士團隊在光量子方案上處於領先地位。他們利用單光子作為量子位元，透過複雜的光路系統來進行量子計算。如果光子不被吸收和散射，其相干性可以保持很長時間。然而，光量子方案受到光子線寬和積體光學電路等技術的限制，因此在可擴展性方面存在挑戰。

這就是為什麼超導系統的相干性非常脆弱，卻仍以它為主要技術路線的根本原因 —— 因為當前，只有超導系統能夠滿足量子電腦光對擴展性的要求。

2.3.4　多條技術路線

當然，除了離子阱與超導量子計算系統外，光量子、中性原子、量子點、拓撲量子、金剛石氮 - 空位（Negatively Nitrogen Vacancy，NV）色心、核磁共振、核電共振、自旋波、氦中電子等技術路線也在蓬勃發展。

圍繞不同技術路線，全球近 250 家企業針對量子硬體和量子軟體展開產業佈局和生態競爭。目前，硬體方面主要著重於增加量子位元數量、連通性和品質，包括更好的相干時間和閘保真度。

光量子計算

在光量子計算領域，2022 年 6 月，光子量子計算公司 Xanadu 使用其最新的可程式設計光子量子電腦 Borealis，成功進行了高斯玻色採樣實驗，展示了量子計算的優越性。Xanadu 公司的下一個目標是建立一個容錯和糾錯的量子電腦，可以擴展到一百萬個量子位元。

在光子量子處理器方面，荷蘭光子量子計算公司 QuiX Quantum 於 2022 年 3 月推出了新的 20 量子模處理器。這是一個基於連續變數 (CV) 的光子量子處理器，與採用離散光子量子位元的 PsiQuantum 路線形成鮮明對比。

在糾纏光子數量方面，美國馬克斯普朗克量子光學研究所 (MPQ) 成功以明確的方式有效糾纏了 14 個光子，創造了新的世界紀錄。

2022 年 3 月，中國北京大學的一個團隊透過開發高維量子計算晶片，在大規模整合矽基光子量子晶片上實現高維量子態初始化、操作和測量，實現了量子計算的突破。透過對量子處理器進行程式設計和重構，團隊能夠執行超過一百萬個高保真量子運算，並執行各種重要的基於高維量子傅立葉變換的演算法，從而證明高維量子計算相對於二進位量子位元編碼具有更大的計算能力、更高的計算精度和更快的計算速度等顯著優勢。這一成就有可能加速大規模光子量子電腦的發展。

中性原子量子計算

中性原子量子計算技術的一個主要優點是它能夠將各種類型的光鑷與其伴隨的原子相結合，其中一些可以快速重新定位。這種方法已被用於使用光鑷技術建構超過 200 個中性原子的陣列，並且正在迅速整合新的和現有的技術，將這些原子轉化為功能齊全的量子電腦。與超導體等其他平台相比，這種類型的光鑷使該技術更加靈活，因為它可以與更大範圍的原子相互作用。相比之下，在超導體中，每個量子位元只能與晶片上的直接鄰居進行交互。

2022 年 3 月，美國芝加哥大學的一個團隊在實驗室中使用中性原子系統成功實現了破紀錄的 512 個量子位元。2023 年 5 月，Atom Computing 公司的研究人員報告了他們在其 100+ 量子位元中性原子量子電腦 Phoenix 上實現的相干時間最新記錄 —— 是之前的 10 萬倍，達到 40±7 秒，這是中性原子商用平台上有史以來最長的相干時間。8 月，日本國立自然科學研究所成功執行了世界上最快的雙量子位元閘，執行時間僅為 6.5 奈秒，取得了重量級成就。9 月，法國中性原子量子計算公司 Pasqal 宣佈推出具有 324 個原子的量子處理器，這是 2022 年 11 月之前全球量子位元規模最大的量子處理器。

拓撲量子計算

在量子計算中，我們使用量子位元作為資訊的基本單元。與古典位元不同，量子位元可以同時處於多種狀態的疊加態，這是量子力學的奇特特性。但是，量子位元非常脆弱，容易受到外部環境的干擾，這可能導致資訊的丟失或錯誤。這個問題在增加量子位元的數量時尤

為明顯，因為交互和糾纏的機會也增加，從而增加了錯誤發生的可能性。拓撲量子位元被認為是這一問題的好的解法，究其原因，拓撲量子位元可以組合成一個固定的結構，不容易受到外部干擾的影響，因此不會遭受資訊丟失的問題。

就拓撲量子位元而言，研究最多的粒子是馬約拉納費米子。馬約拉納費米子是一種預測存在的特殊粒子，它們與自己的反粒子相同。然而，至今為止，科學家們尚未在自然界中觀察到這種粒子。因此，科學家們正在努力創造一種被稱為馬約拉納零模式的任意子，這是一種不同於自然界中的基本粒子的粒子，需要在混合材料中產生。

拓撲量子位元的一個關鍵特性是其基態具有長距離的糾纏。這種糾纏是一種特殊的量子糾纏，通常不容易用傳統實驗方法來觀察。基於此，微軟 Azure 量子團隊在 2022 年提出了一種被稱為「拓撲間隙協議」的方法，作為通過量子輸運測量確定拓撲相位的標準，用於測量拓撲相位。如果協議可以實現，則證明存在拓撲間隙。為此，他們設計了一個裝置：一根拓撲超導線，其末端為馬約拉納零模，導線兩端為真正的費米子運算元。最後，微軟團隊測量了該器件上超過 $30\,\mu\mathrm{eV}$ 的拓撲間隙，這消除了創建拓撲量子位元的最大障礙。

可以說，拓撲量子位元為我們提供了一種可能解決傳統量子位元面臨問題的方法，為未來的量子電腦提供了更加穩定和可靠的基礎。

自費曼提出量子電腦的設想至今，已經過去了近四十年，這四十年來，從基礎理論到突破性的實驗進展，雖然依然沒有一台真正實用的量子電腦問世，但量子電腦終於還是離我們越來越近，逐步走進現實。

2.4 量子電腦行至何處？

1994 年，貝爾實驗室證明了量子電腦能完成對數運算，而且速度遠勝於傳統電腦，這也是量子計算理論提出後第一次成功實驗。自此，各界發現量子電腦的可行性，往後的二十幾年，大量資本開始進入量子計算研究領域，量子電腦也逐步由「實驗室階段」向「工程應用階段」邁進。

2.4.1　量子電腦三階段

量子電腦的計算能力隨量子位元數目呈指數增長，因此量子計算研究的核心任務是多量子位元的相干操縱。根據相干操縱量子位元的規模，國際學術界公認量子計算有如下發展階段：

第一個階段是實現「量子計算優越性」，即量子電腦對特定問題的計算能力超越超級電腦，這一階段又可以分出兩個階段，分別為量子霸權階段和 NISQ（含雜訊的中型量子）階段，達到量子霸權這一目標需要約 50 個量子位元的相干操縱。NISQ 時代是量子霸權的第二階段，具備 50-100 個量子位元的量子電腦將研發出來，可以執行超越當前古典電腦能力範圍的任務，使用含雜訊的中型量子技術的設備將成為探索多體量子物理學的有用工具。

美國 Google 公司在 2019 年率先實現超導線路體系的「量子計算優越性」。中國則分別於 2020 年在光量子體系、2021 年在超導線路體系實現了「量子計算優越性」。加拿大 Xanadu 公司則在 2022 年進一步突破了光量子體系的「量子計算優越性」。

第二個階段是實現專用量子模擬機，即相干操縱數百個量子位元，應用於組合優化、量子化學、機器學習等特定問題，指導材料設計、藥物開發等。由於量子位元容易受到環境雜訊的影響而出錯，對於規模化的量子位元系統，通過量子糾錯來保證整個系統的正確運行是必然要求，也是一段時期內面臨的主要挑戰。

第三個階段是實現可程式設計通用量子電腦，即相干操縱至少數百萬個量子位元，能在古典密碼破解、大數據搜尋、人工智慧等方面發揮巨大作用。由於技術上的難度，何時實現通用量子電腦尚不明確，國際學術界一般認為還需要 15 年甚至更長時間。

2.4.2　通用量子電腦還有多遠？

量子計算的顛覆性是可預期的，但是，由於技術仍處於開發階段，當量子科技從學術落地到企業商業化過程中時，量子電腦依然存在技術突破難、規模量產難的現實困境。因此，想要量子計算真正投入到有用的生產生活中，仍有很長的一段距離。

當前，量子計算商業化仍停留在技術探索階段。儘管目前，量子計算已經在理論與實驗層面取得了一些重大突破，包括美國、歐洲、中國在內的一些國家，都在量子計算方面取得了不同的突破與成就，也有了一些相應的商業運用。但目前這些商業運用都還處於早期階段，或者說是處於技術的探索運用階段。

究其原因，一方面，打造量子電腦的前提是需要掌握和控制疊加和糾纏：如果沒有疊加，量子位元將表現得像古典位元，並且不會處於可以同時運行許多計算的多重狀態。如果沒有糾纏，即使量子位元

處於疊加狀態，也不能透過相互作用產生額外的洞察力，從而無法進行計算，因為每個量子位元的狀態將保持獨立於其他量子位元。

可以說，量子位元創造商業價值的關鍵就是有效地管理疊加和糾纏。其中，量子疊加和糾纏的狀態，也被稱為「量子相干」的狀態，在此狀態下量子位元會相互糾纏，一個量子位元的變化會影響其他所有量子位元。為了實現量子計算，就需要保持所有的量子位元相干。然而，量子相干實體所組成的系統和其周圍環境的相互作用，會導致量子性質快速消失，即「去相干」。

通常，量子計算演算法的設計目標是儘量減少需要的量子閘數量，以在去相干和其他錯誤源產生影響之前完成計算任務。這通常需要一種混合計算方法，將盡可能多的計算工作從量子電腦轉移到古典電腦上。科學家們普遍認為，一個真正有用的量子電腦需要具備 1000 到 100,000 個量子位元。

然而，諸如著名量子物理學家 Mikhail Dyakonov 等量子計算懷疑論者指出，描述有用的量子電腦狀態的大量連續參數也可能是其致命弱點。以 1000 量子位元機器為例，這意謂著量子電腦有 21000 個參數隨時描述其狀態，大約是 10300，這個數字大於宇宙中亞原子粒子的數量。那麼，如何控制 10300 個參數？如果無法有效地控制和維持這些參數，量子電腦的性能和可靠性可能會受到影響，成為一個潛在的致命弱點。

根據科學家的說法，閾值定理證明這是可以做到的。他們的論點是，只要每個量子閘的每個量子位元的錯誤低於某個閾值，無限長的量子計算將成為可能，代價是要大幅增加所需的量子位元數。額外的

量子位元需要透過使用多個物理量子位元形成邏輯量子位元來處理錯誤。這有點像當前電信系統中的糾錯，要使用額外的位元來驗證資料。但這大幅增加了要處理的物理量子位元的數量，正如我們所見，這已經超過了天文數字。

舉個例子，古典電腦中使用的典型 CMOS 邏輯電路，其中二進位 0 表示電壓在 0V 到 1V 之間，而二進位 1 表示電壓在 2V 到 3V 之間。如果在二進位 0 的訊號中加入了 0.5V 的雜訊，最終測量結果仍然會被正確識別為二進位值 0。這意謂著，古典電腦對於雜訊具有很強的抵抗力，即使有小的電壓波動，它們仍然能夠正確工作。

然而，對於一個典型的量子位元，0 和 1 之間的能量差僅為 10-24 焦耳，這相當於 X 射線光子能量的十億分之一。微小的能量差使得量子位元非常敏感，容易受到雜訊和干擾的影響。這就是為什麼量子計算中糾錯成為一個巨大的挑戰的原因。科學家擔憂，量子糾錯會在輔助計算方面帶來巨大的開銷，從而難以發展量子電腦。

另外，從商業化角度來說，目前量子科技賽道的企業幾乎沒有實現累計盈利。由於技術壁壘較高，企業研發投入動輒高達數十億，產品卻依舊不斷試誤中，商業化難以開拓。道格·芬克追蹤了 200 多家量子技術初創企業後，預計絕大多數在 10 年內將不復存在，至少不復以目前的形式存在。他表示：「可能會有一些贏家，但也會有很多輸家，有些將倒閉，有些將被收購，有些將被合併。」此外，目前，學界和工業界都在開發各種固態量子系處理器，技術路線無統一定論，商用層面的通用量子計算技術的統一標準更無從談起。

　　可以看見，儘管目前的量子計算技術獲得了一系列的突破，也處於不斷突破的過程中，世界各國政府也都非常重視，並投入了大量的財力、人力，但距離真正的規模性商業化還有一段路要走。規模商業化需要的是對技術穩定性的要求，這與實驗性與小規模應用有著本質的區別。

　　目前量子計算技術面臨的核心問題還是在實證物理階段的困擾，在理論物理階段已經基本成熟，但進入實證物理階段的時候，我們需要的是讓這個難以琢磨以及極為不穩定的量子糾纏能夠成為一種可掌握的「穩定性」技術。總體而言，量子計算的未來是樂觀的，關於量子計算商業化的一切都才剛剛開始。

Note

3
CHAPTER

人工智慧 + 量子計算：
顛覆未來的力量

3.1 | 破解人工智慧運算能力難題

當前，隨著 ChatGPT 的爆發，人工智慧「奇點」臨近，作為引領這一輪科技革命以及這一輪產業變革的戰略性技術，人工智慧已然成為推動經濟社會發展的新引擎。這也帶動了新一輪運算能力需求的爆發，對現有運算能力帶來了挑戰。如果不能找到一種辦法大幅提升運算能力，人工智慧將會陷入瓶頸。在這樣的背景下，量子計算成為了大幅提高運算能力的重要突破口。

3.1.1 人工智慧的坎坷起步

沒有人想到，在未來的有一天，人工智慧會和量子計算走到一起。和量子計算相比，人工智慧已算是歷史悠久，從 1950 年阿蘭·圖靈提出著名的「圖靈測試」來判定電腦是否智慧，到 1956 年達特茅斯會議提出「人工智慧」一詞，人工智慧發展至今，已有七十餘年。

當然，人工智慧的發展並非一帆風順，事實是，人工智慧每次蓬勃發展後都曾陷入低谷。因為實現人工智慧需要滿足三要素：演算法、資料和硬體運算能力，這些要素都同等重要，缺一不可。

人工智慧的早期發展主要是在演算法上面功夫，也就是搭框架，沒有演算法也就不能稱之為人工智慧。1961 年，世界第一款工業機器人 Unimate 在美國新澤西的通用電氣工廠上崗試用。1966 年，第一台能移動的機器人 Shakey 問世。同年誕生的還有伊莉莎（Eliza）。伊莉莎可以算作今天亞馬遜語音助手 Alexa、Google 助理和 Apple 語音助手 Siri 們的「祖母」，「她」沒有人形，沒有聲音，就是一個簡單的機

器人程式，透過人工編寫的 DOCTOR 腳本跟人類進行類似心理諮詢的交談。

伊莉莎問世時，機器解決問題和釋義語音語言的苗頭已經初露端倪。但是，抽象思維、自我認知和自然語言處理功能等人類智慧對機器來說還遙不可及。

但這並不能阻擋研究者們對人工智慧的美好願景與樂觀情緒，當時的科學家們認為具有完全智慧的機器將在二十年內出現。而當時對人工智慧的研究幾乎是無條件的支持，時任 ARPA 主任的 J.C.R.Licklider 相信他的組織應該「資助人，而不是專案」，並且允許研究者去做任何感興趣的方向。

但是好景不長，人工智慧的第一個寒冬很快到來。70 年代初，人工智慧開始遭遇批評，即使是最傑出的人工智慧程式也只能解決它們嘗試解決的問題中最簡單的一部分，也就是說所有的人工智慧程式都只是「玩具」，無法解決更為複雜的問題。由於技術上的停滯不前，投資機構紛紛開始撤回和停止對人工智慧領域的投資。

比如，美國國家科學委員會（NRC）在撥款兩千萬美元後停止資助。1973 年，Lighthill 針對英國人工智慧研究狀況的報告批評了人工智慧在實現其「宏偉目標」上的完全失敗，並導致了英國人工智慧研究的低潮。DARPA 則對 CMU 的語音理解研究專案深感失望，從而取消了每年三百萬美元的資助。到了 1974 年已經很難再找到對人工智慧專案的資助。

究其原因，實現人工智慧的三要素在當時全部都不具備。在當時的條件下，人工智慧程式只能解決物件少、複雜性低的特定問題。此

外，當時電腦看似龐大，但是記憶體容量很小、讀寫速度很慢，CPU 的運算速度和運算能力非常有限，沒有能力去解決人工智慧的任何實際問題。再者，人工智慧需要大量的資料作為學習的支撐，才能發展它的「智力」，但是，當時儲存資料的硬體和軟體的能力嚴重不足，無法提供巨量的資料樣本來進行人工智慧的訓練。

3.1.2　人工智慧迎來「奇點」

在人工智慧的第一個寒冬下，人工智慧沉寂了將近十年。直到哈佛大學博士 Paul Werbos 把神經網路反向傳播（BP）演算法的思想應用到神經網路，提出多層感知器（MLP），包括輸入層、隱層和輸出層，即人工神經網路（ANN）。之後，機器學習開始在全世界興起。機器學習的方法不只是人工神經網路，還有決策樹演算法（ID3）、支援向量機（SVM）以及 AdaBoost 演算法（集成學習）等。

1989 年，LeCun 結合反向傳播演算法與權值共用的卷積神經層發明了卷積神經網路（CNN），並首次將卷積神經網路成功應用到美國郵局的手寫字元識別系統中。卷積神經網路通常由輸入層、卷積層、池化（Pooling）層和全連接層組成。卷積層負責提取圖像中的局部特徵，池化層用來大幅降低參數量級 (降維)，全連接層類似傳統神經網路的部分，用來輸出想要的結果。

人工智慧再一次獲得了成功，再加上當時網際網路技術的迅速發展，加速了人工智慧的創新研究，促使人工智慧技術進一步走向實用化，人工智慧相關的各個領域都取得長足進步。不過，在這個時期，人工智慧的智慧化並不具備自主性，沒有很強的思考能力，更多的還

是需要人工預先去完成一些視覺識別功能的程式設計，再讓人工智慧去完成對應的工作。

2016 年之後，隨著大數據、雲端運算、網際網路、物聯網等資訊技術的發展，泛在感知資料和圖形處理器等計算平台推動以深度神經網路為代表的人工智慧技術飛速發展，大幅跨越了科學與應用之間的技術鴻溝，諸如圖像分類、語音辨識、知識問答、人機對弈、無人駕駛等人工智慧技術實現了重大的技術突破，迎來人工智慧發展的新高潮。

如果說 2016 年之後，人工智慧發展進入了一個發展的高潮，那麼，2022 年 ChatGPT 的問世，則是進一步推動了人工智慧的爆發式增長，把人類真正推進了人工智慧時代。基於龐大的資料集，ChatGPT 得以擁有更好的語言理解能力，這意謂著它可以更像一個通用的任務助理，能夠和不同行業結合，衍生出很多應用的場景。可以說，ChatGPT 為通用 AI 打開了一扇大門。

不過，ChatGPT 的爆發，也帶動了新一輪運算能力需求的爆發，對現有運算能力帶來了挑戰。根據 OpenAI 披露的相關資料，在運算能力方面，ChatGPT 的訓練參數達到了 1750 億、訓練資料 45TB，每天生成 45 億字的內容，支撐其運算能力至少需要上萬顆英偉達的 GPUA100，單次模型訓練成本超過 1200 萬美元。

儘管 GPT-4 發佈後，OpenAI 並未公佈 GPT-4 參數規模的具體數位，OpenAI CEO 山姆·阿爾特曼還否認了 100 兆這一數字，但業內人士猜測，GPT-4 的參數規模將達到兆級別，這意謂著，GPT-4 訓練需要更高效、更強勁的運算能力來支撐。

3.1.3　人工智慧需要量子計算

作為人工智慧的三要素之一，運算能力構築了人工智慧的底層邏輯。運算能力支撐著演算法和資料，運算能力水平決定著資料處理能力的強弱。在 AI 模型訓練和推理運算過程中需要強大的運算能力支撐。並且，隨著訓練強度和運算複雜程度的增加，運算能力精度的要求也在逐漸提高。

上世紀 70 年代，英特爾（Intel）整合了 CPU，很長一段時間，CPU 都扮演著處理資料的角色，並遵循著摩爾定律發展至今。後來，在 CPU 的基礎上，英偉達創造性地提出了 GPU 的概念。GPU 的關鍵性能就是平行運算，複雜問題可被分解為更簡單的問題，然後同時進行處理，CPU 只能從上到下、從左到右進行處理。

2008 年之前，GPU 只是一個圖像渲染的「加速器」，此後英偉達推出 CUDA 架構徹底將 GPU 變成了一個通用處理器。2012 年，Hinton 等人利用深度學習 +GPU 的方案，奇跡般地將視覺識別成功率從 74% 提升到 85%，從此，GPU 開始在人工智慧界被廣泛應用。

GPU 可以提供數十倍乃至於上百倍於 CPU 的性能，例如，2011 年負責 Google 大腦的吳恩達利用 12 片 GPU 替代 2000 片 CPU，透過深度神經網路學習讓機器在一周之內學會了識別貓。GPU 的計算速度相比 CPU 有了大的提升，但它有 CPU 一樣的缺點，就是功耗較大。比如 2016 年的 AlphaGo，使用了一千多塊 CPU 及一百多塊 GPU，每盤棋局耗電成本達 3000 美元。

　　基於此，科學家把目光投向了 FPGA 和 ASIC。與 GPU/CPU 相比，FPGA/ASIC 擁有良好的運行能效比，在實現相同性能的深度學習演算法中，FPGA/ASIC 所需的功耗遠遠低於 CPU/GPU。

　　FPGA 即可程式設計邏輯閘陣列，使用者可以根據自身需求，用硬體描述語言 (HDL) 對 FPGA 的硬體電路進行設計。記憶體頻寬需求比使用 GPU 或者 CPU 實現時低得多，而且具有流水處理和回應迅速的特點。而 ASIC 是一種為專門目的而設計的積體電路，比如 Google 的 TPU 晶片、高通的 Zeroth 晶片、IBM 的 truenorth 晶片、NVIDIA 的 Tesla 晶片，中星微的 NPU 晶片以及寒武紀的 AI 晶片等。

　　對於人工智慧的發展來說，從 CPU、GPU 到 FPGA、ASIC，運算能力在不斷提升，功耗在不斷降低，體積也在不斷變小，但一個難以回避的事實是，無論性能如何提升，所有積體電路都將受到摩爾定律趨於失效的影響。

　　1965 年，英特爾聯合創始人 Gordon Moore 預測，積體電路上可容納的元器件數目每隔 18 個月至 24 個月會增加一倍。摩爾定律歸納了資訊技術進步的速度，對整個世界意義深遠。但古典電腦在以「矽電晶體」為基本器件結構延續摩爾定律的道路上終將受到物理限制。

　　電腦的發展中電晶體越做越小，中間的阻隔也變得越來越薄。在 3 奈米時，只有十幾個原子阻隔。在微觀體系下，電子會發生量子的穿隧效應（Quantum tunneling effect），不能很精準表示「0」和「1」，這也就是通常說的摩爾定律碰到天花板的原因。儘管當前研究人員也提出了更換材料以增強電晶體內阻隔的設想，但客觀的事實是，無論用

什麼材料，都無法阻止電子穿隧效應。換言之，在物理制程約束下，運算能力的提升終究是有限的。

此外，由於可持續發展和降低能耗的要求，使得透過增加資料中心的數量來解決古典運算能力不足問題的舉措也不現實。根據國際能源署估計，資料中心的用電量占全球電力消耗的 1.5% 至 2%，大致相當於整個英國經濟的用電量。預計到 2030 年，這一比例將上升到 4%。人工智慧不僅耗電，還費水。Google 發佈的 2023 年環境報告顯示，其 2022 年消耗了 56 億加侖（約 212 億升）的水，相當於 37 個高爾夫球場的水。其中，52 億加侖用於公司的資料中心，比 2021 年增加了 20%。

因此，人工智慧（AI）想要走向未來，提高運算能力的同時又能降低能耗是亟待解決的關鍵問題。在這樣的背景下，人工智慧必須另覓他途，尋找新的計算方式，而量子計算可能就是那個大幅提高運算能力的重要突破口。

現在的人工智慧系統使用的是成百上千個 GPU 來提升計算能力。這使得處理學習或者智慧的能力得到比較大的增強。然而這套系統也需要龐大的硬體機櫃和想配套的硬體機房，較大的人工智慧硬體系統需要將近半個足球場的占地空間。

作為未來運算能力跨越式發展的重要探索方向，量子計算具備在原理上遠超古典計算的強大平行計算潛力。基於量子的疊加特性，量子計算就像是運算能力領域的「5G」，它帶來「快」的同時帶來的也絕非速度本身的變化。

當量子晶片中的量子位元達到一定數量後，計算能力將足夠人工智慧的運算能力需求。實現人工智慧，原來需要一千台或者一萬台電腦的規模，使用量子電腦可能就只需要一台。量子計算強大的運算能力可能會徹底打破當前 AI 大模型的運算能力限制，促進 AI 的再一次躍升。

3.2 │ 當量子計算遇見人工智慧

量子計算已經逐漸成為推動數位社會進步的另一把利器。

與當前科學界的一些改良性技術相比，量子計算在運算能力提升方面具有顛覆性作用，它顛覆的，是目前佔據主流地位的電子計算，而傳統、主流的電腦還是以電子作為基本的載體。可以說，量子計算本身，就是數位科技的核心內容之一，是推動數位經濟時代的核心力量。

在這樣的背景下，量子計算和人工智慧的結合，受到了尤為廣泛的關注。當人工智慧遇見量子計算，當顛覆疊加顛覆，將帶領人們走向怎樣的未來？

3.2.1　量子計算助力人工智慧

從量子計算的角度來看，量子電腦能夠以前所未有的速度處理複雜任務，這種速度將顛覆傳統計算的概念。

對於人工智慧來說，機器學習模型常常面臨組合優化問題，這些問題涉及大量變數和複雜運算。在傳統電腦上，即使利用先進的 AI 技術，解決這些問題仍然耗時且難以找到最優解。

但是，將 AI 與基於量子力學的量子電腦結合時，這些問題可能在瞬間得到解決，因為量子電腦能夠識別出傳統電腦難以捕捉的資料模式。也就是說，量子計算技術的進步能夠進一步增強機器學習的效率，從而實現更高品質的泛化能力，這種量子電腦和機器學習的交匯，也被稱為量子人工智慧。

值得一提的是，量子計算不能直接用來做機器學習。因為量子電腦使用古典演算法，並不能達到加速的目的，必須要設計相應的量子人工智慧演算法。量子人工智慧的訓練資料首先要以某種可以為量子電腦識別的格式載入，經過量子人工智慧演算法處理以後形成輸出，此時的輸出結果是量子格式的，需要經過測量讀出最終結果。

量子演算法起源於上世紀八九十年代，最具有代表性的演算法就是用來分解大數的 Shor 演算法和用來加速搜尋的 Grove 演算法。而專門用於人工智慧的量子演算法，也起源於 90 年代。

1995 年，美國路易斯安那州立大學 Kak 教授在 On Quantum Neural Computing 一文中首次提出量子神經計算的概念。隨後，包括 Behrman 教授在內的研究人員提出了各類量子神經網路模型。

目前量子機器學習演算法整體框架主要沿用原有機器學習的框架，作用是將機器學習中複雜度較高的部分替換為量子版本進行計算，從而提高其整體運算效率。

　　主流的量子機器學習演算法主要包括：量子 K-means 演算法、量子分裂聚類、量子 KNN 演算法、量子支援向量機（QSVM）、量子決策樹演算法、量子神經網路、量子主成分分析演算法（QPCA）、量子玻爾茲曼機、量子線性判別分析等。

　　K-Means 演算法是比較主流的機器學習演算法，該演算法以距離的遠近作為樣本相似性指標，距離越近相似程度就越高。2013 年，麻省理工學院 Lloyd 等人提出了量子 K-means 演算法，利用線性空間中的量子態滿足疊加性原理，對多個態可實行平行作業，計算效率遠超古典計算。

　　2015 年，潘建偉團隊以小型光量子電腦為實驗平台，首次對量子 K-Means 演算法進行物理實驗驗證，實驗分別對 4、6、8 量子位元規模的演算法進行了驗證，在傳統機器學習中普遍存在的高維向量間距離和內積的計算可在量子電腦上實現，運算效率優於傳統演算法。

　　採用與 Lloyd 相似的研究思路，微軟的 Janyce Wiebe 提出了量子 KNN 演算法，在計算測試樣本與所有訓練特徵之間的距離時，使用量子演算法能夠起到多項式加速效果；在所有距離中選出最小的一個或數個，使用 Grover 搜尋的幅值估計演算法能夠起到平方加速效果。

　　在支援向量機路線上，QSVM 已經在核磁共振平台上得到了實驗驗證。2015 年，研究人員搭建了一個 4 位 QSVM，並對標準字元字體集中的數位 6 和數位 9 進行訓練，然後以資料集中的 6 和 9 為物件進行手寫數位圖像二分類測試，實驗結果表明 QSVM 是物理可實現的。

3.2.2　量子人工智慧的優勢

量子人工智慧正在積蓄新的力量，這股力量，甚至比量子計算的任何其他領域都更受到關注。

首先，量子機器學習能夠加快運算速度。量子可以提供說明的一個明顯方式就是加速古典技術。HHL 演算法允許對線性代數進行非常普遍的加速，但僅適用於本機量子數據和輸出。Grover 演算法則允許在許多非結構化搜尋應用程式中實現非常普遍的平方加速。不過，這些技術真的可以在實踐中使用嗎？對於直接加速傳統機器學習技術的大多數嘗試而言，目前最困難的是要求技術能夠有效地載入資料，然後由量子設備進行疊加查詢。

其次，量子機器學習能夠帶來更多計算空間。微軟認為，量子機器學習領域應擱置「大數據」問題，而專注於「小資料、大計算」問題。這類問題尋求從大的計算工作空間中獲益。這是量子電腦能夠提供的獨一無二的東西 —— 由於量子位元系統巨大的希爾伯特空間。

Xanadu 是一家總部位於加拿大多倫多的光量子計算公司，Xanadu 指出，對於 QML（量子機器學習）方法，許多最有前途的技術實際上最好理解為傳統機器學習中所謂的核方法。

在傳統機器學習中，核方法是一種常用的技術，它通過將資料從原始特徵空間映射到更高維度的特徵空間，以實現在原始空間中難以處理的非線性問題。這種映射可以通過核函數來實現，常見的核函數包括線性核、多項式核、高斯徑向基函數（RBF）核等。

在量子機器學習領域中，一些前沿的技術實際上與傳統機器學習中的核方法有相似之處。這意謂著量子機器學習中的一些方法可以看作是在量子空間中進行了類似於傳統核方法的特徵映射，從而實現更高維度的資料處理和更複雜的非線性任務。透過模擬傳統核方法，科學家們可以更好地理解量子機器學習的技術，並在此基礎上開發出更加高效率和創新的量子機器學習演算法，以實現更廣泛的應用和突破。

此外，IBM 還發表了關於量子神經網路（Quantum Neural Networks，QNN）的研究，表明量子神經網路相比可比較的經典神經網路能夠處理更高維度的任務，並且可以在影響可訓練性方面處理難以模擬的經典特徵圖。這表明量子計算在某些情況下具有優勢，並且可以應用於更複雜的機器學習任務。

另一家公司 Pasqal 發佈了一個專門定制的框架，利用中性原子設備的可重構性，用於表示圖的核。這個框架可以用於處理圖結構的問題，利用量子計算中中性原子設備的特性，提供更高效的圖資料處理方法。

非線性微分方程組是一類突出的問題，它們可以被簡潔地表達，但是需要大量的計算資源來數值求解。這種方程出現在各式各樣的科學和商業應用中，以至於人們需要對複雜的過程進行建模：從結構工程到航空航太，從化學到生物學，從金融到流行病學。對於此，Qu&Co 開發了一種新技術，用於處理近期量子電腦上的非線性微分方程，即可微量子電路。這種方法訓練 QNN 以使用大的可用希爾伯特空間來處理導數。Qu&Co 還將這種方法擴展到隨機微分方程。Qu&Co 已提交了一項涵蓋其技術的專利申請。

剣橋量子已經將 QNLP（量子自然語言處理）確定為 QML 的一個特殊領域。2021 年，他們報告了第一個實驗結果。使用 5Q 的 IBM 設備對包含 130 個句子和 105 個名詞短語的資料集進行編碼。QNLP 利用了量子電腦提供的擴展計算空間。剣橋量子提出的形式主義和量子力學的 ZX 微積分表示之間驚人的相似之處，這將是一個富有成效的方法。或許，正如剣橋量子力學的首席科學家 BobCoecke 所說的那樣，「語言是量子原生的」。

最後，量子機器學習能夠提供獨特的量子數據。一個越來越重要的關注點是，當資料集中存在需要解決的量子關聯或量子干涉效應時，QML 應該能夠超越經典機器學習。2021 年的工作已經開始將其形式化和結構化，這既適用於學習任務，也適用於生成模型。

加州理工學院在 2021 年發表了一項研究，對不同機器學習模型的能力進行了界定：一種是傳統的學習驅動，但使用量子系統的測量輸出，比如，物理實驗、模擬量子模擬器或 VQA 的迭代；另一種是在學習過程中保持量子相干性。一個關鍵的結果是經典驅動的 ML 可以做得很好，在「平均情況」預測精度方面與完全量子學習的能力相當。完全量子學習為「最壞情況」的預測準確性提供了進一步的指數優勢。

3.3 量子應用正當時

當前，伴隨著科技巨頭和前沿研究機構在量子計算領域的深入探索，其對人工智慧（AI）和其他技術的潛在影響已經顯現。

3.3.1 當顛覆疊加顛覆

如果說機器學習藉助量子計算的高平行性，實現進一步優化傳統機器學習是量子計算在人工智慧領域的最重要應用，那麼量子計算在人工智慧的衍生應用，則將進一步實現當前人工智慧的應用突破。

比如，在人工智慧中，博弈論的應用日漸廣泛，尤其是在分散式人工智慧和多智慧體系統中。當量子擴展融合博弈論形成量子博弈論時，將為人工智慧發展中的問題解決提供了新的工具。量子博弈論透過對博弈現象的認知決策過程來加以建模，並藉助量子力學理論的相關方法來對博弈現象及其對策進行研究和描述。2016 年 Google 旗下公司 DeepMind 的 AlphaGo，就是基於量子博弈論而誕生，AlphaGo 發佈的第一年就戰勝了世界頂級圍棋選手李世石，次年又戰勝了世界第一的柯潔，將人工智慧帶向新一個高潮。

再比如，在對自然語言進行語義分析的時候，無論是採用人工智慧技術，還是採用量子計算，這兩者的數學結構都在某些地方存在著一定的相似性。也就是說，量子演算法之於模擬量子系統是極其合適的。利用量子計算的特性，可以更有效地處理語義上的多義性或歧義性問題。這也意謂著，在自然語言的處理上，藉助量子計算可以使處理速度得到很大程度的增加。

此外，在人工智慧領域，模式識別是一個尤為重要的領域，比如，對物體進行識別。然而，人工智慧的研究人員往往僅考慮識別和辨別經典物體。

近年來，伴隨量子計算的不斷發展以及關注程度日漸加深，在研究人員解決了量子閘的問題後，還對量子測量分辨展開了研究。研究

發現，通過一種最優的協定設計，僅僅需要最少的查詢，就能夠實現快速識別，量子操作的分辨能力也因此得到了很好的體現。

當然，反過來，人工智慧也能幫助解決複雜的量子問題。比如合成藥品和處理不同的化學反應，這些過程很難通過求解量子方程式來模擬，但卻可以用人工智慧的方法來解決部分問題。再比如求解量子多體哈密頓量（Hamiltonian）的基態能量問題，也可以藉助人工智慧的方法。

不論是將量子技術應用於人工智慧以促進人工智慧技術的進一步發展，還是將人工智慧應用於量子技術解決複雜量子問題，在摩爾定律正逼近物理極限的當下，量子計算作為一項顛覆性技術都亟待發展。

3.3.2　向行業深處走去

量子計算與人工智慧的結合也預示著各行各業的技術革命。

金融與銀行業金融領域正在逐漸感受到量子人工智慧的影響。量子人工智慧可以增強風險評估、欺詐檢測、投資組合管理和期權定價等任務，並優化機器學習演算法。高頻交易可能會因量子計算的速度而受到衝擊。

已經有研究開發了用於預測股市行為的量子神經網路模型（QNN）。量子神經網路在理論上具備一系列引人注目的優勢，其中包括指數級的儲存容量、簡單的結構設計、更強的穩定性、迅速的計算速度以及免於災難性遺忘的特點。在這樣的基礎上，研究人員開發了基於量子埃爾曼神經網路（QENN）的股市預測模型，並驗證了其性能。這一過程中，研究人員採用了一種創新的方法，使用量子版本的

遺傳演算法來調整學習率。隨後，利用量子計算的平行計算能力，實現獲取 QENN 的所有可能狀態，從而進一步提高了預測準確性。

在生物醫藥方面，量子人工智慧還可以加速藥物發現，提高醫學成像的準確性和速度，並優化遺傳學分析。尤其是在藥物研發上，科學家經常需要對大型分子進行模擬，瞭解它們的結構和功能。傳統電腦在處理這些複雜的分子模擬時，尤其是涉及電子結構的計算時，面臨巨大的挑戰。但量子電腦可以更為精確和高效地進行這樣的模擬，這意謂著，科學家可以更準確地預測分子間的相互作用，從而加速藥物的設計和優化。

目前，圖靈量子已經在 AI 製藥領域實現重大技術突破，推出一系列量子 AI 應用模組，其中 QuOmics（基因組學）、QuChem（藥物分子結構設計）、QuDocking（藥物虛擬篩選）、QuSynthesis（化學分子逆合成）等四大模組，已實現不同程度的量子演算法增強，另有 QuProtein（蛋白結構預測）和 QuDynamics（分子動力學模擬）的功能模組正在開發中。

要知道，在大規模通用量子計算機制成之前，量子 AI 以及混合演算法研究仍將以在 CPU/GPU 上運行為主。而圖靈量子藉助張量網路技術，通過張量的縮並，實現 38 倍提速量子 AI 藥物設計。隨著模擬量子位元的增加，加速倍數會進一步提升。從而使得通用量子電腦還未普世應用的前提下，也能立即使用量子計算工具解決實際問題。

在圖靈量子的加持下，當前，量子演算法已經極大地改善了經典生成模型，用於基因組學和藥物分子的結構設計，使演算法收斂的穩定性顯著提升。

　　比如，疫情期間，上海交大金賢敏團隊領頭與某三甲醫院、南開大學、帝國理工大學、卡耐基梅隆大學科研人員合作，採用基於風格混合的量子生成對抗網路模型，來進行新冠病毒變異結構預測。生成 RNA 結構與新冠病毒樣本間的保真度均值超過 95%，預測結果也顯示了良好的生物學意義。在演算法設計上，量子神經網路保持了同古典演算法邏輯上的高度一致性。這來自於量子啟發式的模糊卷積，和量子漸進訓練模組的開發。同時量子線路支援的判別器模型，也極大地改善了 GAN 收斂不穩定的問題。在多個損失函數上，都以遠小於古典演算法的迭代次數完成了演算法收斂。此外，在老藥新用的場景中，量子演算法的引入，顯著提升分子結構生成的有效性。同時，量子和古典演算法的結果表現出很強的互補性，對隨機抽取樣本處理的無效率降低近 6 倍，多樣性提升 214%。

　　當然，對於目前來說，量子計算的全部潛力尚未實現，它對人工智慧應用的真正影響可能需要一段時間才能顯現出來。但可以確定的是，可以想像，當量子演算法真正投入人工智慧領域使用，商業、行政、醫學、工程等領域一些最令人沮喪的、棘手的問題都將迎刃而解。在未來，結合 AI 和量子計算的力量，我們有望實現更高效的導航系統、更先進的自動化技術、更精確的藥物研發、更準確的醫療診斷以及更高效的供應鏈管理。

4
CHAPTER

量子通訊：
守護資訊安全

4.1 | 絕密的未來通訊

2022 年 10 月 4 日，諾貝爾物理學獎公佈，授予法國學者阿蘭·阿斯佩（Alain Aspect），美國學者約翰·克勞澤（John Clauser）和奧地利學者安東·（Anton Zeilinger），以表彰他們「用糾纏光子進行實驗，證偽貝爾不等式，開創量子資訊科學」。2022 年諾貝爾物理學獎的授予，不僅是對量子糾纏理論的承認，更是因為他們的先驅研究為量子資訊學奠定了基礎。而量子糾纏最為誘人的應用之一就是量子通訊。

4.1.1 什麼是量子通訊？

作為量子革命的重要部分，「量子通訊」其實就是一種利用量子糾纏效應進行資訊傳遞的新型的通訊方式。

先來看看量子糾纏。量子糾纏是量子力學中一個極為奇特並且深奧的現象，它描述了兩個或多個量子粒子之間存在的一種神秘聯繫，這種關係使它們的狀態相互依賴，即使它們被分開，也無法完全獨立地描述每一個粒子的狀態。這就意謂著，當我們觀察一個粒子的狀態時，它將瞬間影響到與其糾纏在一起的粒子，不論它們之間的距離有多遠。當然，量子糾纏是只會作用於量子系統裡，而在古典力學中，並不存在這種現象。

舉個例子，假如一個自旋為零的基本粒子發生了衰變，衰變成以相反方向自旋的粒子，一個向上，另一個向下。當我們測量其中一個粒子時，如果測量到的自旋方向為上，那麼另外一個粒子的自旋方向必定為下，反之亦然。

理論上不管多遠，量子糾纏現象都能發生，也就是說，不管把這兩個粒子分開有多遠，哪怕分別位於宇宙的兩端，只要我們對其中一個粒子進行測量，比如說得到的自旋方向為上，那麼立刻就能知道另外一個粒子的自旋方向為下。這種瞬間的聯繫超越了常規的物理理論，甚至不受光速限制，能夠瞬間傳遞資訊。

潘建偉教授曾經在青海搭建了一個測量粒子糾纏速度的實驗。實驗結果顯示，量子糾纏的作用速度下限是光速的四個數量級，也就是光速的 1 萬倍。這並不是說量子糾纏的速度就是光速的一萬倍，而是因為實驗條件的限制，只能做到這個量級。

不過，量子通訊並不是直接通過量子糾纏傳遞資訊，而是因為量子同時具有不可克隆和測量塌縮的特點，量子通訊正是透過這一特點對資訊進行理論上絕對安全的加密。

顯然，在古典世界中，我們可以輕鬆地複製一個位元（0 或 1）的狀態。比如，如果有一個位元的狀態為 0，我們可以簡單地創建另一個位元，使其狀態也為 0。這是因為在古典情況下，資訊是以可複製的方式傳輸和處理的。然而，量子力學中的情況完全不同。不可克隆性定理表明，如果我們嘗試複製一個未知的量子態，我們必然會破壞原始態，使得複製後的量子態與原始態不再完全相同，也就是「測量塌縮」。

由於量子的不可克隆性，攻擊者無法在未被察覺的情況下複製傳輸的量子位元。這意謂著即使攻擊者能夠攔截傳輸的量子位元，他們也無法複製它們以後繼續監視或分析。而量子的測量塌縮現象確保了一旦有人嘗試在傳輸過程中測量或干擾量子位元，就會導致量子糾纏態塌縮。如果我們在電磁波資訊裡夾雜一些量子糾纏態的粒子，那麼

一旦竊密者要竊聽資訊，首先就會觸發量子糾纏態坍塌，而這種坍塌在發送者那裡就能同時出現，從而引起發送者和接收者的警覺，而停止該通道的發送。同時，由於竊密者在竊聽資訊的過程中，觸發了量子糾纏態的坍塌，其所能獲得的資訊並不是傳輸過程中的資訊態。

4.1.2　我們為什麼需要量子通訊？

人類社會的發展離不開通訊。通訊的本質其實就是資訊傳輸，在技術尚不發達的古代，人們往往只能藉助人力進行資訊傳輸。

資訊技術的發展讓我們得以進入資訊通訊階段 —— 1844 年美國發明家摩爾斯成功發出第一封電報；1876 年貝爾發明電話；1887 年赫茲發現電磁波並證實了馬克士威方程；1895 年馬可尼取得無線電報專利，這些技術的發明徹底改變了人類社會的通訊。而電腦的出現，則觸發了更進階的通訊方式，即數位通訊。今天，我們仍處於數位通訊的階段。

不過，到目前位置，大部分的通訊都只能管到資訊的可靠傳輸，而不管資訊的安全性，資訊安全性還要靠密碼實現，目前的常規通訊多採用加密技術解決安全通訊問題。但密碼總存在被破譯的可能，尤其是在量子計算出現以後，採用平行運算，對當前的許多密碼進行破譯幾乎易如反掌。

具體來看，在傳統密碼學中，需要秘密傳遞的文字被稱為明文，將明文用某種方法改造後的文字叫作密文。將明文變成密文的過程叫加密，與之相反的過程則被稱為解密。加密和解密時使用的規則被稱為金鑰。現代通訊中，金鑰一般是某種電腦演算法。

　　早期的密碼學採用對稱加密技術。在對稱加密中，資訊的發送方和接收方共用同一個金鑰，這個金鑰用於加密和解密資訊。解密演算法是加密演算法的逆過程。雖然這種方法簡單且技術成熟，但存在一個嚴重的問題：金鑰的安全傳遞。

　　為了保證通訊的安全，金鑰必須通過另一條安全的通道傳遞給接收方。一旦金鑰被攔截，通訊的內容就會被曝露。這個問題促使密碼學家尋找更安全的解決方案，於是非對稱加密技術應運而生。

　　在非對稱加密技術中，每個參與通訊的個體都擁有一對金鑰：公開金鑰和私密金鑰。公開金鑰用於加密資訊，而私密金鑰用於解密。加密演算法是公開的，但解密演算法是保密的。由於加密和解密不對稱，發送方和接收方也不對稱，因此稱為非對稱加密技術。

　　重要的是，從私密金鑰無法輕易計算出公開金鑰，但從公開金鑰很難得到私密金鑰。這意謂著加密是容易的，但解密卻非常困難，正向操作容易，逆向操作困難。

　　目前最常用的非對稱加密演算法之一是 RSA 演算法。RSA 演算法由羅恩‧裡韋斯特（Ron Rivest）、阿迪‧沙米爾（Adi Shamir）和倫納德‧阿德爾曼（Leonard Adleman）發明，並以他們姓氏中的第一個字母命名。

　　RSA 演算法基於一個簡單而重要的數論事實：將兩個質數相乘容易，但將其乘積進行因式分解卻非常困難。舉個例子，計算 $17 \times 37 = 629$ 是很容易的，但是反過來，給出一個數字 629，要找出它的因數就困難得多。尤其是隨著數值的增大，正向計算和逆向計算的難度差距將急劇增大。

對於古典電腦而言，破解高位數的 RSA 密碼幾乎是不可能的任務。一個每秒鐘能夠進行 1012 次運算的機器，破解一個 300 位元的 RSA 密碼需要 15 萬年。但這對於量子電腦來說，卻是易如反掌的事情。使用秀爾演算法（Shor's algorithm）的量子電腦，只需不到一秒鐘就能輕鬆破解一個 300 位元的 RSA 密碼。

可以看到，現代的密碼分析和電腦硬體的發展，尤其是量子計算的發展，對資訊安全構成了嚴重威脅。尤其是在軍事領域，當前，國際勢力博弈、地緣政治衝突加劇，各種利益集團圍繞權力再分配的政治、經濟、軍事、科技鬥爭更加激烈，國家總體安全內涵和外延隨之發生重大變化，傳統的陸、海、空等空間領土主權安全與核、太空、網路等新領域安全壓力交織倍增，未來戰場可能涉及深海、外太空、極地等極廣闊空間，涵蓋物理、資訊、認知、社會等多個領域。想要在多維戰場實現精準高效地組織籌畫和指揮控制，需要更加全面準確的情報資訊、更加巨量異構的資料資訊、更加適時適量的指揮資訊，以及更加隱蔽安全的資訊獲取、傳輸和處理管道和平台，需要軍事資訊通訊更加能動地適應和滿足這些需求。

同時，資訊與能源並列為國家戰略資源，成為綜合國力發展的基礎支撐要素。在這樣的背景下，量子通訊的發展正在成為一種必然。量子通訊的魅力就在於其可以突破現有的古典資訊系統的極限，有效提升資訊的安全性。這在缺乏資訊安全的當下，是極大的安全感。

4.1.3　量子通訊會取代傳統通訊嗎？

作為絕對安全的通訊技術，量子通訊會取代傳統通訊嗎？量子通訊雖然具有革命性的力量，但卻並不是為了取代傳統通訊而生。事實

上，量子通訊和傳統通訊可以相互補充，以滿足不同的通訊需求。而本質上，量子通訊和傳統通訊是兩種不同的通訊形式，而量子通訊則是為了讓傳統的數位通訊變得更安全。

首先，在通訊通道依賴方面，量子通訊離不開傳統通訊的通訊通道。量子資訊需要通過光纖、微波通道或衛星傳輸，這些都是傳統通訊基礎設施的一部分。比如，光纖作為傳統通訊的主要傳輸媒介，用於傳輸電訊號、網際網路資料等，而在量子通訊中，光子被用作量子位元，傳輸量子資訊。因此，光纖也是量子通訊的核心媒介之一。再比如，微波通道通常用於衛星通訊，但在量子通訊中，微波通道可用於傳輸微波量子態。因此，傳統通訊和量子通訊必須協作才能實現安全的端到端通訊。而區別在於，針對於量子通訊，傳統的通訊技術傳輸媒介需要針對性的優化與升級，以適應於量子通訊的使用。

從通訊範圍來看，傳統通訊技術，包括網際網路、移動通訊、有線電視和衛星通訊等，已經在全球範圍內建立了龐大而複雜的通訊基礎設施。這些技術提供了廣泛的通訊覆蓋，涵蓋了城市、農村、甚至遙遠的偏遠地區。網際網路連接在世界各地都是普遍的，而移動通訊網路也覆蓋了絕大多數人口密集的地區。這種廣泛的覆蓋範圍使得人們可以輕鬆地進行語音通話、資料傳輸、視訊會議、社交媒體使用等各種通訊活動，滿足了日常生活和商業活動的需求。

而量子通訊的範圍通常比較有限，這是因為量子通訊中涉及到的量子態容易受到雜訊、光損耗以及光纖傳輸的限制等因素的影響。這也限制了量子通訊在全球通訊網路中的廣泛應用。

並且，建立量子通訊網路需要高度複雜的設備和技術，成本較高。相比之下，傳統通訊技術成熟且成本較低，更容易實施。

可以看到，量子通訊和傳統通訊是互補的，它們各自有其優勢和適用範圍。我們可以把量子通訊理解為傳統通訊之外的一個新戰場，和一個新的發展機遇。量子通訊的絕對安全性使其在某些領域，如政府、軍事和金融等高度敏感的通訊中具有巨大潛力。然而，傳統通訊技術將繼續在全球通訊基礎設施中發揮關鍵作用，以滿足廣泛的通訊需求。

因此，量子通訊不是為了取代傳統通訊，而是為了與之合作，共同建構更安全和更強大的通訊網路。這兩種通訊形式將在未來共同推動通訊領域的發展。

4.2 量子金鑰分發：讓資訊不再被竊聽

量子通訊利用物理實體粒子（如光子、原子、分子、離子）的某個物理量的量子態作為資訊編碼的載體，通過量子通道將該量子態進行傳輸到達傳遞資訊目的。現階段，量子通訊有兩種最典型的應用，即量子金鑰分發（Quantum Key Distribution，QKD）和量子隱形傳態（Quantum Teleportation，QT）。其中，量子金鑰分發可用來實現經典資訊的安全傳輸，讓資訊不再被竊聽。

4.2.1 量子原理下的金鑰分發

為了保證資訊的安全，人們在將資訊傳遞給接收者之前，利用金鑰對其進行加密，而後接收者基於金鑰對加密資訊進行解密。可見，資訊的安全性依賴於金鑰的安全性。

1949 年，資訊理論的創始人香農（Claude Shannon）發表論文《保密通訊系統理論》，證明如果金鑰長度與明文長度一樣長，且只使用一次，那麼加密的資訊是絕對無法破譯的，俗稱一次一密。但在金鑰分發過程中仍是存在風險的。

而量子金鑰分發（quantum key distribution，QKD）則是應用了量子力學的基本特性，確保任何企圖竊取傳送中的金鑰都會被合法使用者所發現。竊聽者如果要竊聽量子密碼，必須進行相應的測量，而根據量子理論但不確定性原理和測量坍塌，一旦竊聽者對量子密碼進行測量必定會對量子系統造成影響，從而改變量子系統的狀態。這樣，竊聽者竊聽到的就不是原來的資訊了，通訊雙方也能立即覺察到竊聽者的存在，即刻中止通訊。作為目前最安全的金鑰傳輸方式，量子金鑰分發可以做到理論上的絕對資訊安全。

實現量子金鑰分發有兩種形式：離散變數量子金鑰分發（Discrete Variable QKD，DV-QKD）和連續變數量子金鑰分發（Continuous Variable QKD，CV-QKD）。DV-QKD 的核心思想是基於離散的量子態來傳輸資訊，通常是單光子態或極化光子態。這些量子態可以被明確定義的基本單位（比如水平極化和垂直極化）來描述。

1999 年，澳大利亞科學家 Ralph 首次提出 CV-QKD 的想法。CV-QKD 使用連續的量子態來傳輸資訊，通常是光場的正則分量，如光的振幅和相位。這些連續態可以包含無限多的資訊，因此比離散態更加靈活。這一特性也賦予了 CV-QKD 獨特的性能和優勢。

CV-QKD 系統的建構相對簡單，只需要使用普通的相干雷射器和平衡零差檢測器。相較於 DV-QKD，CV-QKD 的硬體要求更為簡化，

這降低了系統的製造成本，使其更容易實施和推廣。這一特點在實際應用中具有重要的意義，特別是對於大規模部署和商業化應用而言。

在相同的條件下，CV-QKD 還表現出了更高的金鑰分發速率。金鑰分發速率是衡量量子金鑰分發系統性能的重要指標之一。CV-QKD 的輸出金鑰速率遠遠超過了 DV-QKD 技術，這意謂著它可以更快速地生成金鑰，從而更適合高速資料傳輸和即時通訊應用。這是因為 CV-QKD 利用了光場的連續性質，允許在每個量子位元中攜帶更多的資訊，從而提高了效率。

此外，CV-QKD 與傳統光通訊網路的融合性也非常強。由於 CV-QKD 系統所需的硬體相對簡單，可以與現有的光纖通訊基礎設施無縫整合。這為實際應用提供了更大的便利性和可擴展性，而 DV-QKD 系統可能需要更多的改造和投資才能與傳統網路相容。

4.2.2　創造不可破解的量子通訊

世界上第一個量子金鑰分發協定是誕生於 1984 年的 BB84 協定，由美國物理學家 Charles H. Bennett 和加拿大密碼學家 Gilles Brassard 共同提出，以他們兩人的姓氏首字母和提出年份命名。

BB84 協定的核心思想很簡單，但卻能夠創造出無法被破解的金鑰。它建立在量子力學的基礎上，藉助了量子態的性質，確保了資訊的絕對安全。

首先，我們需要明白 BB84 協定的通訊雙方，Alice 和 Bob。Alice 是資訊的發送者，而 Bob 是資訊的接收者。他們之間的目標是在不被竊聽的情況下建立一個共用的安全金鑰。

為了實現這一目標，Alice 採用了量子態，具體來說，是單光子的偏振態。這些光子可以以不同的方式偏振，Alice 選擇了兩組非正交基矢，每組基矢下包括兩個正交偏振態。

這些基矢是：直角基矢，即 H 偏振態（水平偏振）和 V 偏振態（垂直偏振）。斜角基矢，即 +45 度偏振態和 -45 度偏振態。

Alice 通過將古典位元資訊（0 和 1）映射到這些量子態上來編碼資訊。具體來說，她選擇將 H 和 -45 度偏振態表示 0，而 V 和 +45 度偏振態表示 1。

一旦資訊被編碼，Alice 將這些光子發送給 Bob，而 Bob 則隨機選擇一組基矢來測量這些光子，並記錄測量結果。這是一個關鍵步驟，因為 Bob 的測量將不可避免地干擾到這些光子的狀態。在一段時間後，Alice 和 Bob 會在一個公共通道上公佈他們所選用的基矢資訊。這一步是公開的，但它並不洩露實際的資訊內容。

接下來，Alice 和 Bob 各自保留了與之前公佈的相同基矢下的資訊。這些資訊被稱為「篩後金鑰」，並且只有他們兩人知道。然後，他們從篩後金鑰中各自抽樣一段，進行比對以檢查資訊的一致性。

如果比對的錯誤率超過一定界限，他們將認為這次通訊是不安全的，並放棄這個金鑰。隨後，他們可以繼續進行下一輪通訊，直到獲得一個錯誤率滿足要求的篩後金鑰。

最後，在確保篩後金鑰的安全性後，Alice 和 Bob 可以進行進一步的資料處理，包括糾錯和隱私放大等，以生成一個最終的安全金鑰，這個金鑰可以用於加密和解密他們的通訊。

今天，經過近四十年的發展歷程，人們基於不同量子力學特性提出了多種 QKD 協定，一些典型 QKD 協定的安全性也得到了嚴格證明，但實際上 QKD 系統中因為器件的不完美仍然存在一些安全性漏洞。幸運的是，在全球學術界三十餘年的共同努力下，目前，結合「測量器件無關量子金鑰分發」協定和經過精確標定、自主可控光源的量子通訊系統已經可以提供現實條件下的安全性。

4.2.3　量子金鑰分發走向實用階段

當前，QKD 實用化研究正在快速進展。

2021 年，中國科學技術大學潘建偉團隊演示了一個整合的空對地量子通訊網路。基於「墨子號」量子衛星，透過整合光纖和自由空間 QKD 鏈路，該 QKD 網路中的任何使用者都可以與其他任何用戶進行通訊，總距離可達 4600 km。同年，中國科學技術大學封召等演示了 10 m 水下通道基於偏振編碼的 QKD 實驗，安全金鑰生成率超過 700 kpbs。2022 年，中國科學技術大學郭光燦團隊實現 833 km 光纖 QKD，將無中繼 QKD 安全傳輸距離世界紀錄提升了 200 余 km，向實現 1000 km 陸基量子保密通訊邁出重要一步。

從應用情況來看，QKD 相關產品已初步形成了從終端設備、網路設備、應用設備到應用軟體等的完備產品體系。

隨著高速偏振編碼 QKD 設備、金鑰系統交換密碼機、量子安全加密路由器等核心設備相繼邁入商密門檻。目前包括國盾量子在內的企業，已能夠提供完整的、商密合規的成套解決方案，覆蓋城域、城際以及特殊通道等絕大部分應用場景，在全球處於領先地位。基於此，

中國已建設了全球首條千公里級的量子保密通訊「京滬幹線」，世界規模最大、覆蓋範圍最廣、應用最多的量子都會網域 —— 合肥量子都會網域，以及國家廣域量子保密通訊骨幹網路（一期）等基礎設施。目前，中國量子保密通訊骨幹網路覆蓋京津冀、長三角、粵港澳等國家重要戰略區域，總里程超過 10000 公里，並在北京、重慶、廣州等地部署了地面站，實現與「墨子號」等衛星的對接。

在政務領域，QKD 能夠為政務應用系統提供金鑰和資料安全協同、監測和抵抗基於量子計算的網路攻擊等方面的安全保障。如韓國正建設覆蓋 48 個政府部門，總長 2000 公里的 QKD 網路。上述「合肥量子都會網域」正是依託於電子政務外網建設，可為市、區兩級近 500 家黨政機關提供量子安全接入服務。此外，濟南、海口等多地也在進行相關探索。

在金融領域，QKD 能夠為金融系統內部網路或資料中心間的資訊傳輸和敏感通訊等提供安全傳輸保障。比如，美國 Quantum Xchange 公司利用 QKD 為華爾街的金融市場和新澤西的營運後台之間提供了一對多使用者的安全資訊傳輸。在中國，早在 2012 年，國盾量子等在中國人民銀行（央行）和中國銀保監會的指導下持續拓展相關應用，央行進行了人民幣跨境收付資訊管理系統的量子應用示範專案，工農中建等銀行共同參與試點。

在電力領域，QKD 可以提升電力調度自動化、配電自動化、用電資訊採集等環節的安全防護能力。美國橡樹嶺國家實驗室與洛斯·阿拉莫斯國家實驗室、EPB 通訊技術公司合作，研究並驗證了 QKD 系統在保障國家電網方面的功用。在中國，針對不同的光纜類型、量子

網路、電網業務，國家電網已在北京、上海、安徽、江蘇、浙江、山東、新疆等地開展一系列業務探索。除了上述領域，電信、工業網際網路、自動駕駛、醫療保健等同樣在探索 QKD 技術的落地應用。

4.2.4　量子金鑰分發的技術難題

　　儘管量子金鑰分發已取得眾多重要研究成果，但目前仍然面臨兩大難題，即如何獲得更高的成碼率（金鑰生成速率）以及更遠的金鑰傳輸距離。

　　一方面，當前的量子金鑰分發的理論和實驗工作都暫未突破無中繼情形下量子金鑰分發成碼率 - 距離的極限。也就意謂著我們當前對於量子金鑰的傳輸，還沒有找到超越傳統古典物理限制的方法。在無中繼情況下，距離將成為限制因素，因為量子態在傳輸過程中會受到訊號衰減的影響。隨著距離的增加，光子數目減少，導致接收設備在單位時間內接收到的光子數減少，進而影響了金鑰的分發速率。這個問題可以透過增加光子發射率和使用高效探測器來部分緩解，但在長距離傳輸中仍然存在挑戰。

　　另一個限制因素是測量設備的雜訊。即使在理想情況下，測量設備也會引入一定程度的雜訊。隨著距離的增加，訊號的衰減會導致測量設備所接收到的光子數減少，與雜訊相對比例增加。當雜訊占比超過一定界限時，金鑰的分發將變得不可行。這限制了 QKD 系統在長距離通訊中的性能，因為訊號強度降低，雜訊相對增加，從而限制了可用的金鑰分發速率。

為了解決這些問題，科學家們正在積極研究 QKD 技術的改進和創新。一些方法包括使用量子中繼器來增強訊號的強度和減少衰減，以及改進測量設備的性能以降低雜訊水平。此外，還有一些新的 QKD 協定和技術被提出，如基於連續變數的 QKD，以增加 QKD 系統的靈活性和性能。

雖然 QKD 作為一種基於量子力學原理的加密通訊技術在理論上具有巨大的潛力，但在實際應用中仍然面臨著成碼率與距離之間的限制。當前，透過持續的研究和技術創新，科學家們正在努力克服這些限制，提高 QKD 系統的性能，以實現更安全的長距離通訊。可以預期，隨著量子技術的不斷發展，QKD 有望在未來成為更廣泛應用的關鍵安全技術。

4.3 │ 量子隱形傳態：讓資訊瞬間傳送

除了量子金鑰分發外，量子隱形傳態作為另一種典型的量子通訊應用，是傳遞量子資訊的有效手段，有望成為分散式量子計算網路等應用中的主要資訊對話模式。

4.3.1　什麼是量子隱形傳態？

QKD 應用了量子通道，但傳輸的仍是經典資訊，而不是將資訊編碼在量子位元上，相較之下，量子隱形傳態（QT）是在量子通道上將量子位元從甲方傳給乙方，直接實現資訊的傳遞。量子隱形傳態（QT）也被稱為量子遠距離傳輸或量子隱形傳輸等。

這有點像科幻電影裡的 瞬間移動物體，只不過，量子隱形傳態瞬間移動的是資訊，而非物體 —— 量子隱形傳態無法將任何實物作瞬間的轉移，只能「轉移」量子態的資訊。由於應用了量子糾纏效應，它有可能讓一個量子態在一個地方神秘地消失，而又瞬間地在另一個地方出現。而這裡的「瞬間」指的就是真正意義上的物理上的「瞬間」，它不需要耗費時間。

從量子隱形傳態的基本原理來看，我們假設資訊的傳遞方和接收方分別稱為 Alice 和 Bob，Eve 是可能的竊聽者。

首先，需要創建量子糾纏態。創建糾纏態的一種常見方式是透過一個過程，其中兩個位元之間的相互作用將它們的狀態緊密交織在一起，這樣它們之間的狀態將變得不可分離。例如，我們可以考慮一個系統，其中包含兩個量子位元，記作 A 和 B。初始時，A 和 B 各自可以處於任何量子態，但當它們透過相互作用進入一個特殊的狀態時，它們就成為了一個糾纏態對。這個過程可以用數學來描述，其中 A 和 B 的狀態之間存在一種特殊的關係。一種常見的糾纏態是貝爾態，它是一種特殊的二位元態，可以在 A 和 B 之間建立糾纏。對於這個糾纏態對，如果 Alice 控制了 A，那麼 B 就位於 Bob 那一側。

隨後，就是 Alice 的測量過程，這是量子隱形傳態中的關鍵步驟。假設 Alice 想要傳輸一個量子位元，即「要傳輸的位元」，記作 C。需要對要傳輸的位元 C 和她那一部分的糾纏態（A）進行一種特殊的聯合測量，這被稱為 Bell 測量。Bell 測量是一種用於測量兩個量子位元之間糾纏的方式，它有四種可能的結果。

- 測量結果 1：如果 Alice 的測量結果為 1，她需要將這個結果傳遞給 Bob。

- 測量結果 2：如果 Alice 的測量結果為 2，她同樣需要將這個結果傳遞給 Bob。

- 測量結果 3：如果 Alice 的測量結果為 3，她需要將這個結果傳遞給 Bob。

- 測量結果 0：如果 Alice 的測量結果為 0，她需要將這個結果傳遞給 Bob。

一旦 Alice 完成了測量並將結果傳遞給 Bob，Bob 將根據接收到的結果對他那一部分的糾纏態（B）進行一系列的操作，以恢復要傳輸的位元 C 的狀態。這個操作過程依賴於 Bell 測量的結果，這些結果告訴 Bob 如何操作他的糾纏態。

如果 Alice 的測量結果是 1，Bob 需要對他的糾纏態進行一系列的操作，以將其變換成要傳輸的位元 C 的狀態。如果 Alice 的測量結果是 2，3 或 0，Bob 需要採取不同的操作來使糾纏態演化成 C 的狀態。

Bob 的操作通常需要使用量子閘操作，以根據測量結果將糾纏態轉換為正確的目標狀態。這個過程非常複雜，涉及到對量子態的操作，而量子態的操作需要非常精確的控制和測量技術。最終，通過這一系列操作，Bob 將能夠恢復要傳輸的位元 C 的狀態，而不需要實際傳輸量子位元 C 本身。這是量子隱形傳態的關鍵成就之一，允許資訊的傳輸，而無需傳輸物質本身。

在這個過程中，Alice 和 Bob 之間僅傳輸了測量結果，而不是要傳輸的位元 C 的具體資訊。因此，即使有人竊聽通訊，他們也無法獲取

要傳輸的位元的資訊，因為測量結果本身是不足夠的，只有 Alice 和
Bob 知道如何根據這些結果操作他們的量子態以恢復原始資訊。

4.3.2　發送量子資訊

1993 年，Bennett 和 Brassard 等六人提出了隱形傳態協議（teleportation
protocol），並利用兩個古典位元通道和一個纏繞比特實現了一個量子位
元的傳輸。

1997 年，奧地利 Zeilinger 小組首次成功實現了量子隱形傳態通
訊，在實驗中，研究人員透過糾纏兩個光子並測量其中一個，能夠將
量子態從一個光子轉移到另一個光子。同年，還在奧地利留學的潘建
偉和荷蘭學者波密斯特等人合作，首次實現了未知量子態的遠端傳輸。

2004 年，潘建偉小組在國際上首次實現五光子糾纏和終端開放的
量子態隱形傳輸，此後又首次實現 6 光子、8 光子糾纏態；同年，美國
國家標準與技術研究院（NIST）和因斯布魯克大學的一組科學家成功
傳送了單個原子量子態中編碼的資訊。他們的方法包括捕獲和糾纏兩
個鈹離子，然後在短距離內傳送它們的量子態。

2008 年，東京大學的科學家將量子資訊傳送到了東京市幾公里
的範圍內。量子隱形傳態與光纖相結合，使團隊能夠遠距離發送糾纏
光子。

2011 年，國際上首次成功實現了百公里量級的自由空間量子隱形
傳態和糾纏分發，解決了通訊衛星的遠距離資訊傳輸問題。

2015 年，NIST 的一組研究人員在 100 公里（km）光纖上傳輸了
量子資訊，比以前傳輸距離遠了四倍。

2019 年，南京大學發起了基於無人機開展空地量子糾纏分發和測量實驗，無人機攜帶光學發射機載荷，完成與地面接收站點之間 200 米距離的量子糾纏分發測量。

整體來看，量子隱形傳態提供了一種更好的發送量子資訊的方式：可以在不同地點之間傳輸資訊，而無需實際移動保存資訊的物質。並且，通過使用量子隱形傳態，通訊的兩端（Alice 和 Bob）可以安全地傳輸加密金鑰，因為任何試圖竊聽通訊的攻擊者都無法獲得關鍵的資訊。這使得量子隱形傳態成為未來量子網際網路的關鍵技術。

此外，在遠端量子計算方面，Alice 可以將她的量子位元傳輸給一個遠端的量子電腦，讓該電腦執行計算任務，然後將結果傳輸回給 Alice。通過量子隱形傳態，可以實現安全的遠端量子計算，而不必擔心電腦的可信度。

量子隱形傳態還可以用於量子安全認證，即驗證通訊的一方是合法的，而不是一個欺騙者。這對於銀行、政府機構和軍事通訊等高度安全性的應用非常重要。

最後，量子隱形傳態還可以用於資訊的長期保存。由於資訊傳輸過程中不涉及量子態的塌縮，資訊可以在傳輸後儲存在量子位元中，並在需要時再次提取，從而實現資訊的長期保存和安全儲存。

雖然量子隱形傳態目前仍然是實驗室中的現象，但量子隱形傳態已經展現出極具潛力的應用未來。隨著量子技術的發展，我們或許能看到更多基於量子隱形傳態的創新應用，以滿足日益增長的資訊安全需求。

4.4 | 邁向量子網際網路

包括量子計算和量子通訊在內的量子資訊技術，都在不同方面利用了量子力學的獨特性質。而這些技術的遠期發展目標之一，其實就是建構一個安全、高效、全球性的量子網際網路，將量子計算和量子通訊融合在一起，以實現許多新穎的應用和服務。

4.4.1 量子電腦 + 量子通訊

量子網際網路是一種結合了量子電腦和量子通訊技術的高度安全和高效的網際網路形式。在量子網際網路中，量子電腦和量子通訊技術相互融合，以實現各種新穎的通訊和計算方式。

郭光燦（中國科學技術大學教授、博士生導師，量子資訊學家，中國科學院院士，第三世界科學院院士，量子資訊重點實驗室主任。）在《量子資訊技術研究現狀與未來》一文中介紹，量子網際網路基本要素包括量子節點和量子通道。量子網際網路將資訊傳輸和處理融合在一起，量子節點用於儲存和處理量子資訊，量子通道用於各節點之間的量子資訊傳送。

其中，量子節點是用於儲存、處理和傳輸量子資訊的關鍵組成部分，量子節點包括通用量子電腦、專用量子電腦、量子感測器、量子金鑰裝置等。這些節點能夠利用量子力學的原理來進行各種任務，包括量子計算、傳感和加密。量子通道用於在量子網際網路中傳輸量子資訊。這些通道是通過量子態的傳輸和測量來實現的，保護通訊的隱私和安全性。量子網際網路中的所有節點可以通過量子糾纏來相互連

接，從而實現高度安全和高效的資訊傳輸。應用不同量子節點和量子通道將構成不同功能的量子網際網路。

本質上，量子網際網路其實就是獲取量子效應，並透過網路進行分配。儘管這非常複雜，但也非常強大。

量子網際網路最核心貢獻之一是提供了絕對的通訊安全性。透過量子金鑰分發技術，量子網際網路能夠徹底防止竊聽者的攻擊，確保通訊的絕對機密性。這一特性對於政府、軍事、金融以及其他關鍵領域的通訊來說至關重要。

傳統的網際網路通訊依賴於基於古典位元的加密技術，這些技術在某些情況下可能受到計算能力的限制，因此存在被破解的潛在威脅。然而，量子網際網路採用了一種全新的方法，基於量子力學的原理，使得通訊變得絕對安全。這是透過以下方式實現的：

首先，量子金鑰分發技術允許通訊雙方生成和共用一種唯一的、不可竊取的量子金鑰。在這個過程中，如果有任何竊聽或干擾嘗試，就會引發量子態的崩潰，雙方可以立即察覺到。這種機制確保了通訊的絕對機密性，因為即使攻擊者擁有超級電腦，也無法在竊取通訊內容時不被察覺。

其次，量子網際網路具有全球範圍的互聯性，因此可以滿足政府、軍事和金融領域的嚴格安全標準。這些領域通常需要高度保密的通訊，以確保國家安全、軍事機密和金融交易的安全性。量子網際網路提供了一種無與倫比的方式來滿足這些要求，不僅可以防止當前的加密演算法被破解，還可以抵禦未來量子電腦可能帶來的威脅。

量子網際網路的另一個重要價值在於其在量子計算領域的推動作用。量子計算作為一種前沿技術，利用量子位元的量子疊加和糾纏性質，可以在處理某些問題時比傳統電腦快得多。然而，量子計算需要大量的量子位元和複雜的量子操作。透過量子網際網路，全球範圍內的科研機構、企業和個人可以訪問遠端的量子計算資源，而不必自己建造龐大和昂貴的量子電腦。

這對於解決目前超級電腦難以應對的複雜問題具有巨大潛力。比如，藥物設計、材料科學、氣候模擬和複雜優化問題都是量子計算的理想應用領域。量子網際網路將推動這些領域的研究和創新，有望為人類社會帶來重大突破。

4.4.2　量子網際網路還有多遠？

2018 年 10 月，Wehner、Elkouss 和 Hanson 共同撰寫了一篇 Science 論文，列出了未來量子網際網路可能達到的六個複雜階段，以及使用者在每一個層次上可以做些什麼。他們將第一階段稱作階段 0，在階段 0，用戶可以接收量子生成的代碼，但不能發送或接收量子資訊。這種類型的網路便是 QKD，目前已經存在，最具代表性的是在中國 2000 公里的京滬幹線。

在階段 0，任意兩個用戶都可以共用一個加密金鑰，但服務提供者也知道。而進入階段 1，任意兩個用戶都可以創建一個只有他們知道的私有加密金鑰。用戶接收和測量量子態（但不一定涉及糾纏的量子現象）。

在階段 2，量子網際網路將利用強大的糾纏現象。這個階段的第一個目標是使量子加密基本上不可破解。任意兩個終端使用者都可以獲得糾纏態（但不能儲存）。此時叫作糾纏分佈網路。

從階段 3 開始，將能夠儲存和交換量子位元，這個階段叫作量子儲存網路：任意兩個終端使用者獲取並儲存糾纏的量子位元，並可相互傳送量子資訊，通過網路連接量子電腦已成為可能。

到了階段 4&5，即量子計算網路階段，網路上的設備是成熟的量子電腦（可對資料傳輸進行糾錯）。此階段將實現不同程度的分散式量子計算和量子感測器，並應用於科學實驗。

當前，量子網際網路階段 1 已經在進行中，美國的 Q-Next 已經通過 52 英里的光纖鏈路共用了量子態，這條光纖鏈路已經成為未來可能的國家量子網際網路的核心。歐洲的量子網際網路聯盟 (QIA) 也取得了一些成功，包括第一個連接三台量子處理器的網路，量子資訊通過 QuTech 量子資訊學研究所創建的中間節點傳輸。馬克斯‧普朗克研究所 (另一個 QIA 成員) 利用單個光子共用量子資訊。

隨著大量工作的進行，我們開始看到量子網際網路的端倪，但在當前技術條件下討論量子網際網路還太過遙遠。可以說，在實現量子網際網路這一願景之前，還需要解決許多技術挑戰和工程問題。

除了技術上的困難，量子網際網路還面臨著標準化問題。網際網路以「粗略共識和運行代碼」而聞名。工程師在將它們固定下來之前，確保它們能夠工作，並且可以在多個系統中複製。多年來，確保代碼運行的機構一直是網際網路工程任務組 (IETF)。自從網際網路出現以來，IETF 已經發佈了被稱為「RFC」(徵求意見) 的標準。這些

標準定義了網路通訊協定，確保我們的電子郵件和視訊聊天可以被其他人接收。而如果我們想要有一個量子網際網路，我們也將需要一個 RFC 來規定量子電腦如何通訊。

無疑，量子網際網路的價值無法估量，但客觀來說，目前，整個量子資訊技術領域仍然處於初期研究階段，實際應用還有待時日。

4.5 | 量子通訊正當時

近年來，各國都在逐步開展量子通訊試點應用。各國逐步展開量子通訊試點應用。上世紀 90 年代，美國是世界上第一個將量子技術列入國家戰略的國家。2003 年，美國哈佛大學建立了世界首個量子保密通訊實驗網。歐盟也是從上世紀 90 年代第五研發框架計畫開始就重點支持量子通訊研究，而後多國又通過 SECCOQC 和瑞士量子等專案進行了 QKD 組網驗證。

進入 21 世紀後，日本、韓國、新加坡等國開始發力 ── 日本於 2000 年將量子通訊列為國家級高技術開發專案，並制定長達 10 年的中長期研究計畫。韓國等國也紛紛大力投入科研資源，透過設立量子通訊實驗中心和專項機構，希望可以在此領域取得突破。中國雖然在量子通訊領域發力較晚，但是憑藉政策支持和巨大的資金投入，在量子通訊領域依然獲得了舉目的成功，在試點應用數量和網路建設規模方面全球領先，並且多項建設記錄領跑全球。中國也是目前在量子通訊領域唯一跟美國直接競爭的國家，並且在量子通訊方面有領先的優勢。而美國在量子計算方面更具有優勢。

4.5.1　量子通訊的產業化之路

在量子通訊試點應用方面，美國起步最早。20 世紀末，美國政府就將量子資訊列為「保持國家競爭力」計畫的重點支持課題，隸屬於政府的美國國家標準與技術研究所（NIST）將量子資訊作為三個重點研究方向之一。在政府的支持下，美國量子通訊產業化的發展也較為迅速。

1989 年，IBM 公司在實驗室中以 10bps 的傳輸速率成功實現了世界上第一個量子資訊傳輸實驗，雖然傳輸距離只有短短的 32m，但卻拉開了量子通訊實驗的序幕。2003 年，美國國防部高級研究計畫署在 BBN 實驗室、哈佛大學和波士頓大學之間建立了 DAPRA 量子通訊網路，這也是世界上首個量子密碼通訊網路。該網路最初由 6 個量子金鑰分發（QKD）節點，後擴充至 10 個，最遠通訊距離達到 29km。

此後，美歐日等多個國家和地區相繼建成了瑞士量子、東京 QKD 和維也納 SECOQC 等多個量子通訊實驗網路，演示和驗證了城域組網、量子電話、基礎設備保密通訊等應用。

全球量子通訊公司的核心技術主要來自大學和科研機構。比如，美國以麻省理工學院創立的 MagiQ 公司和洛斯阿拉莫斯國家實驗室創立的 Qubitekk 公司為代表的量子保密通訊產業公司，能夠提供整套量子資訊安全加密解決方案，在防務和電網基礎設施等領域開展了應用推廣服務，同時在量子通訊專利和智慧財產權佈局等領域也具有較強的實力和技術儲備。

歐洲以瑞士日內瓦大學創立的 IDQ 公司和奧地利維也納大學創立的 AIT 公司為代表的大學孵化型創業企業，在 QKD 技術研究領域具有

多年技術的累積，在技術路線和產業應用等方面多元化發展，已深耕 QKD 商業化應用多年，具有豐富的市場化推廣經驗。

此外，日本東芝公司、英國劍橋研究所和德國馬克思・普朗克研究所的 InfiniQuant 公司為代表的研究機構和企業，在技術和應用研究領域相當活躍，掌握了整合和晶片化等方面的關鍵技術，具有較高的市場競爭力，同時在 QKD 技術標準化方面也是主要推動力量。

對於示範性應用而言，在美國，2016 年研究機構 Battelle 建成俄亥俄至華盛頓 650km 量子保密通訊光纖線路，並啟動環美量子保密通訊骨幹網路計畫，採用瑞士 IDQ 公司設備，透過可信中繼方式建造環美國的量子通訊骨幹網路，為 Google、IBM、微軟、亞馬遜等公司資料中心之間的通訊提供量子安全保障服務。2018 年，美國 Quantum XChange 公司公佈連接華盛頓和波士頓的 805km 商用 QKD 線路建設計畫。2022 年，美國佛羅里達大西洋大學、Qubitekk 公司、美國國防承包商和資訊技術服務提供者 L3Harris 合作，為美國空軍開發首個基於無人機的移動量子通訊網路。

都會網域，目前已有義大利、西班牙等國開始進行 QKD 網路的建設和量子安全加密應用，如 2018 年 6 月，西班牙電信聯合華為和馬德里理工大學開創性地展開了基於 SDN 技術的 QKD 都會網域演示試驗。歐盟計畫 2035 年左右建成泛歐量子安全網際網路。

2014 年起，英國透過「國家量子技術計畫」的專案佈局和投資，開始建設倫敦、劍橋、布裡斯托等地的量子保密試驗網路，計畫 10 年建成覆蓋全境的實用化量子保密通訊線路，並與歐洲連接，建成國際量子保密通訊網路。

在亞洲，2010 年，日本與歐洲聯合建立東京量子保密通訊試驗床網路，多家科研機構持續展開現有網路試驗。NTT、Toshiba 等機構推動 QKD 研究與應用，展開政務和醫療等領域安全加密服務。2015年，韓國 SKT 宣佈計畫建設總長約 256km 連接盆唐、水原和首爾的星型量子保密通訊網路，並計畫在 2025 年建成全境量子保密通訊網路設施，推廣量子安全加密服務。

4.5.2　後來居上的中國量子通訊

中國在量子通訊方面起步雖不是最早，但卻發展最快。隨著「量子衛星」、「京滬幹線」等重大專案的建設，中國量子通訊技術已躋身全球領先地位。

中國量子通訊技術的後發先至離不開國家的提前佈局和支持。早在 2013 年，中國就前瞻部署了世界首條遠距離量子保密通訊「京滬幹線」，率先展開了相關技術的應用示範並取得系列寶貴經驗。為進一步保持中國在量子保密通訊產業化發展的領跑地位，近年來從國家到各地方各級政府和部門，都給予量子保密通訊高度的關注和推動。

2015 年，習近平總書記在關於「十三五」規劃建議的說明中明確指出，要在量子通訊等領域部署體現國家戰略意圖的重大科技專案。量子資訊產業成為了十三五中國重點培育的戰略性產業作為國家戰略性產業，量子通訊產業的發展受到了國家戰略、技術引領、產業推動、工程建設等多個方面政策的支持，出現在了《十三五國民經濟和社會發展規劃》、《「十三五」國家戰略性新興產業發展規劃》等重要的國家規劃中，同時發改委也將國家廣域量子保密通訊骨幹網路建設一

期工程列入到了 2018 年新一代資訊基礎設施建設工程擬支援專案名單之中。

各地區政府則以政府檔的形式，直接支持量子技術發展和展開量子保密通訊網路的建設。安徽、山東、北京、上海、江蘇、浙江、廣東、新疆等眾多省份將發展量子資訊技術、建設量子通訊網路寫入 2018 年政府工作報告並推動落實。特別是，長三角地區城市群量子保密城際幹線建設被列入十三五規劃。

在 2019 年最新發布的《長江三角洲區域一體化發展規劃綱要》中，量子資訊也成為了長三角未來規劃佈局產業重點。從地方政策來看，貴陽、海口、棗莊、昆明、廣州、金華、南京等地方政府也發布了支援量子通訊網路建設的相關政策。在《山東省量子技術創新發展規劃（2018-2025 年）》發布以後，《濟南市人民政府關於加快建設量子資訊大科學中心的若干政策措施》作為中國首個量子資訊產業專項政策，將為地方發展量子資訊產業奠定堅實的基礎。

中國在量子通訊領域目前保持了領先優勢，主要表現在技術突破和產業化建設方面。

從技術突破來看，2016 年 8 月 16 日，中國發射了全球第一顆量子科學實驗衛星「墨子號」，使得人類首次具有在空間尺度開展量子科學實驗的能力，並與 2017 年超預期完成三大科學任務 —— 衛星和地面絕對安全量子金鑰分發、驗證空間貝爾不等式和實現地面與衛星之間隱形傳態，中科大潘建偉研究團隊也因此獲得了 2018 年度的克利夫蘭獎。中國利用「墨子號」量子衛星在國際上率先成功實現了千公里級的星地雙向量子金鑰分發，首次實現從衛星到地面的量子隱形傳態。

為中國在未來繼續引領世界量子通訊技術發展和空間尺度量子物理基本問題檢驗前沿研究奠定了堅實的科學與技術基礎。

2017 年 9 月，中國率先完成了「京滬幹線」，開通了全球第一條量子保密通訊幹線，同時中國也是率先部署大規模量子保密通訊網路的國家；自京滬幹線建成後，與墨子號量子科學試驗衛星連接，構成了天地一體化量子通訊網路的雛形，標誌著中國率先進入廣域網路階段。

產業化建設方面，最早邁出這一步的是 2009 年 5 月，潘建偉、彭承志團隊創立「用量子技術保護每一個比特」的安徽量子通訊有限公司（科大國盾量子前身），技術來源是合肥微尺度物質科學國家研究中心。同年 7 月，依託中科院量子資訊重點實驗室，郭光燦、韓正甫團隊在安徽蕪湖創立問天量子，這兩家公司都是從事量子保密通訊業務。

安徽量通成立當年，潘建偉團隊參建國慶 60 周年閱兵「量子保密通訊熱線」。到 2011 年 9 月，國盾量子第一代 GHz 高速量子金鑰分發產品問世。目前已擁有完整的量子保密通訊網路核心設備，包括 QKD 產品和通道與金鑰組網交換產品等。這些產品被部署在量子保密通訊骨幹網、量子保密通訊都會網域和行業量子保密通訊接入網。

2012 年，安徽量通參與建成包括合肥城域量子通訊試驗示範網、新華社金融信息量子通訊驗證網、十八大量子安全通訊保障在內的多個專案。2014 年，公司成立五周年時改名科大國盾量子。

問天量子也是量子通訊領域的佼佼者，2010 年，公司研發生產的紅外單光子探測器已實現量產，使得中國成為全球第三個可批量生產紅外單光子探測器的國家。

經過 10 年的探索和實踐，國盾量子、問天量子已成長為全球領先的量子通訊設備製造商和量子安全解決方案供應商，中國量子保密通訊的建設幾乎都與這兩家公司有關。其中，科大國盾量子已成長為中國第一家上市量子通訊公司。

隨著技術的進步，2012-2014 年，九州量子、神州量子、中創為量子等公司分別在浙江和北京成立。

2016 年，世界首顆量子科學實驗衛星「墨子號」發射成功後，量子通訊成為熱門產業。這一年，《國家創新驅動發展戰略》將量子資訊技術列入發展引領產業變革的顛覆性技術。由中科院、中科大、國盾量子、阿里巴巴、中興通訊等機構共同發起組建的「中國量子通訊產業聯盟」也在北京成立。

同年，潘建偉、彭承志團隊在上海成立了國科量子通訊網路有限公司，中科院和中科大共同投資的國有控股企業，經中國國家發改委批復，承擔國家廣域量子通訊網路建設營運的戰略任務。簡單來說，國科量子和國盾量子是營運商和設備商的關係。

同年，MagiQ 公司前總工程師陳柳平在北京成立啟科量子。陳柳平在量子通訊和量子計算領域已擁有長達 20 年的豐富科研及工程經驗，目前，啟科量子已自主研發量子通訊終端、網路交換 / 路由、光電子核心器件、量子控制與應用軟體等系統。在政務、國防、金融、電力、能源、大數據等領域資訊服務提供量子安全保障。

儘管量子通訊處在發展初期，但是中國量子通訊產業鏈已日趨完善。產業鏈上游主要是國盾量子、問天量子、九州量子等量子通訊核心設備商，是量子保密通訊產業鏈中最核心的一個環節。核心設備主

要包括量子金鑰分發設備、量子交換機、量子閘道、量子網路站控、量子亂數發生器等。此外，量子保密通訊還會用到經典通道，因此華為、中興等通訊設備商也在產業鏈中。

可以說，過去很長一段時間，中國的科學研究多是跟隨居的，但量子通訊卻是今天中國為數不多「從 0 到 1」的基礎研究，並且領先世界。而這也是中國在前沿科技領域能夠彎道超車的重要機會。

Note

5

CHAPTER

量子測量：
帶來精度革命

5.1 突破古典力學的測量極限

門捷列夫曾經說過「沒有測量，就沒有科學」。

在測量的同時，現代工業和現代國防還對測量提出了更加「精密」的要求，畢竟，測量越精密，帶來的資訊就可以越精確。實際上，整個現代自然科學和物質文明就是伴隨著測量精度的不斷提升而發展的。以時間測量為例，從古代的日晷、水鐘，到近代的機械鐘，再到現代的石英鐘、原子鐘，時間測量的精度不斷提升，通訊、導航等技術才得以不斷發展。

在對更高精度測量的追求下，近年來，隨著量子技術的進步和第二次量子革命的到來，利用量子精密測量技術實現的精密儀器，正在使物理量的測量達到前所未有的極限精度。量子精密測量有望引領新一代感測器的變革，讓我們以前所未有的精度對物質進行測量。

5.1.1 從古典力學的測量到量子測量

認識量子測量之前，我們先來看下基於古典力學的測量。

在古典力學的世界裡，也就是在非量子物理學中，「測量」被定義為一種獲取一個物理系統中某些屬性相關資訊的行為，無論這一系統是物質的還是非物質的。獲取的資訊則包括速度、位置、能量、溫度、音量、方向等等。

古典力學的測量對「測量」的定義包含兩方面的資訊：一方面，一個物理系統自身所具有的每一個屬性都有一個確定的值，甚至是一個註定的值，在測量開始前就已確定。另一方面，所有屬性都是可以

測量的，且獲得的資訊都無一例外忠實地反映了被測量的屬性，不受測量工具和測量者的影響。

簡單來說，就是在古典力學裡，物體的狀態是可以被測量的，並且測量行為對被測物件的干擾可以忽略不計。也就是說，不論我們測或者不測，物理量都在那裡，不會改變。比如，如果想要測量一張紙的寬度，將尺比上去便可得到結果。這張紙不會因為測量行為變寬或變窄。

只要是測量，就會有誤差。在這種情況下，人們一般都是通過反覆多次測量或改進技術來降低測量誤差。但隨著測量對精度的要求越來越高，古典力學的測量技術已很難做到進一步提升。為此，科學家們開始把目光轉向量子測量技術。

究其原因，在古典物理學中，我們習慣於將物體的性質和狀態看作是確定性的，這意謂著透過測量，我們可以準確地確定一個物理系統的狀態和性質。然而，在量子力學的世界中，這種確定性觀念發生了根本性的變化。量子力學顛覆了我們對物質和自然規律的傳統理解，引入了一種全新的概率性描述方式，這一概念的核心就是不確定性和波函數塌縮。

實際上，量子測量的隨機性正是根源於量子力學的不確定性原理，不確定性原理最早由海森堡和薛丁格提出，這一原理表明在量子世界中，我們無法同時精確地確定微觀粒子的位置和動量。這意謂著，當我們試圖測量一個粒子的某一屬性時，我們必然會失去對另一屬性的精確資訊。比如，如果我們嘗試減小對粒子位置的不確定性，那麼對其動量的不確定性將增加，反之亦然。這就是為什麼在量子世界中，我們無法同時精確知道一個粒子的位置和動量的原因。

　　波函數是量子測量的另一核心概念，它是一種數學函數，用於描述物體的量子態，包括位置、動量和其他物理性質。波函數不是物體的軌跡或路徑，而是一種描述物體可能性的數學工具。在測量的過程中，波函數發生塌縮，即波函數的性質會發生變化，導致粒子的量子態瞬間塌縮到與測量結果相對應的本徵態上。這一過程是隨機的，不同於我們在古典物理中所熟悉的測量，因此使量子測量具有隨機性而經過測量之後，系統的量子態就可以被很好地確定下來並能被人們準確地獲知。

　　不僅如此，從量子的角度來看，在量子計算、量子通訊等領域，量子系統的量子狀態極易收到外界環境的影響而發生改變，嚴重的制約著量子系統的穩定性和健壯性。量子測量恰恰利用量子體系的這一「缺點」，使量子體系與待測物理量相互作用，從而引發量子態的改變來對物理量進行測量。

　　基於此，透過對量子態進行操控和測量，對原子、離子、光子等微觀粒子的量子態進行製備、操控、測量和讀取，配合資料處理與轉換，人類在精密測量領域還將躍遷至一個全新的階段，實現對角速度、重力場、磁場、頻率等物理量的超高精度精密探測。

5.1.2　量子測量的三把尺

　　要提升測量的精度，最直接的方法就是找到一把解析度更高的「尺」。近年來，人們利用量子力學的基本屬性，發明了三把量子測量「尺」——基於微觀粒子能階的測量、基於量子相干性的測量、基於量子糾纏的測量。事實上，三大類型也是量子測量技術的三個演進階

段，從分立能階到相干疊加，再到量子糾纏，測量精度不斷提升，甚至突破古典物理極限。這一過程中，系統複雜度和成本也隨之提升、體積隨之增大。

基於微觀粒子能階的測量

基於微觀粒子能階的測量是基於波耳的原子理論提出的，並最早獲得運用。

在 20 世紀初，丹麥物理學家尼爾斯·波耳提出了一種新的原子模型，該模型成功解釋了氫原子光譜中的譜線現象。根據這一模型，電子繞著原子核運動，但只能處於特定的能量態，這些能量態之間的躍遷會伴隨著電子釋放或吸收特定頻率的電磁輻射。這一理論形成了量子力學的基礎，也為後來的量子測量技術奠定了基礎。

根據波耳的理論，原子能階之間的躍遷是量子性質的表現，因為這些躍遷的頻率是不連續的，而且與特定的能量差相關。這一特性為測量時間提供了獨特的機會。具體來說，原子內的電子躍遷釋放的電磁波具有非常穩定的頻率，這使得它們成為極為準確的時間尺規。

根據這一理論，1967 年的國際計量大會上，國際科學家們重新定義了「秒」這一時間單位。傳統上，秒是以地球自轉週期為基礎定義的，但這種定義並不足夠精確，因為地球自轉速度會隨著時間發生微小變化。因此，科學家們基於銫原子中電子能階躍遷的週期重新定義了「秒」——1 秒被重新定義為銫原子中電子從一個能階躍遷到另一個能階的 9192631770 次振盪。這一定義的改變也是量子理論在測量問題上的首次重大貢獻，為時間測量提供了前所未有的準確性和穩定性。

基於微觀粒子能階的測量技術不僅為時間測量提供了精確的基準，還在其他領域產生了深遠的影響。比如，它在導航系統、通訊技術、衛星定位和地球科學研究中發揮著關鍵作用。現代社會的許多關鍵領域都依賴於高精度的時間測量，而基於微觀粒子能階的測量技術正是實現這一目標的關鍵工具之一。

基於量子相干性的測量

基於量子相干性的測量技術，是利用量子的物質波特性，透過干涉法進行外部物理量的測量。目前，這一技術已經廣泛應用於製造各種儀器和設備，如陀螺儀、重力儀、重力梯度儀等，為導航、地質勘探、航太等領域提供了關鍵的支持，並在科學研究和工程應用中產生了深遠的影響。

基於量子測量相干性的量子測量的一個核心概念就是量子干涉，這利用了量子物質波的波動性質。根據量子力學，微觀粒子，如原子和分子，不僅具有粒子性質，還具有波動性質。這意謂著它們的波函數可以在空間中傳播和干涉，就像光波或聲波一樣。

在測量中，通常使用一種裝置來將微觀粒子分成兩個互相干涉的波包。這些波包隨後沿不同的路徑傳播，並在某一點彙聚，產生干涉效應。而透過調整測量裝置中的參數，可以控制干涉效應，從而實現對外部物理量的測量。

陀螺儀是一個典型的應用量子相干性的例子。陀螺儀是一種用於測量方向或角速度的儀器，它利用了自旋角動量的量子性質。在陀螺儀中，自旋角動量的兩個分量通過干涉裝置進行干涉，而這種干涉效

應的變化可以用來測量陀螺儀的旋轉。這種基於量子相干性的陀螺儀具有極高的精確性和穩定性，因此在導航系統、航天器導航以及地質勘探等領域得到廣泛應用。

　　重力儀和重力梯度儀也是基於量子相干性的測量技術的典型應用。這些儀器透過測量微觀粒子在地球引力場中的相對位移，可以精確測量地球的重力場和梯度，為地質勘探、地震監測和資源勘探提供了關鍵的資料。與傳統的重力儀器相比，基於量子相干性的儀器具有更高的靈敏度和解析度，使得它們能夠探測到微弱的地質變化和地下結構。

基於量子糾纏的測量技術

　　基於量子糾纏的測量技術，是透過測量處於糾纏態的 N 個量子「尺」相干疊加後的結果，使得最終的測量精度達到單個量子「尺」的 1/N，代表了量子測量領域的最高精度水平。當前，基於量子糾纏的測量技術的應用已經擴展到高精度的量子鐘、量子感測器和量子計算等領域，為科學研究和技術應用帶來了巨大的潛力，可以在導航、通訊、精密測量等各個領域產生深遠的影響。

　　這一測量技術的基礎就是量子糾纏，量子糾纏作為一種特殊的量子態，其中多個量子粒子之間存在高度關聯，無論它們之間的距離有多遠。這種關聯表現為測量一個粒子的狀態會瞬間影響其他糾纏粒子的狀態，即使它們之間沒有任何明顯的物理聯繫。而基於量子糾纏的測量技術的關鍵原理就是利用這種糾纏關係來提高測量的精度。

假設有 N 個糾纏粒子組成的系統，並且希望測量某個物理量，比如位置或角度。傳統的測量方法可能會受到各種誤差和不確定性的影響，限制了測量的精度。然而，通過將這些糾纏粒子置於特定的量子態中，並進行相關的操作和測量，科學家就可以利用它們之間的糾纏關係來提高測量的準確性。

在基於量子糾纏的測量技術中，關鍵的優勢在於，測量精度隨著系統中糾纏粒子數量 N 的增加而增加，而且精度的提高比 N 的增加更快。具體來說，最終的測量精度可以達到單個量子粒子測量的 1/N，這是古典力學的測量方法所無法實現的。這一特性使得基於量子糾纏的測量技術在高精度應用中具有無可比擬的潛力。

5.2 | 精密測量進入量子時代

2018 年第 26 屆國際計量大會正式通過決議，從 2019 年開始實施新的國際單位定義，從實物計量標準轉向量子計量標準，自此，精密測量正式進入量子時代。當前，量子測量正在展現出廣泛的應用前景，並用於探測多種物理量，包括磁場、電場、加速度、角速度、重力、重力梯度、溫度、時間、距離等，同時在眾多領域中展現出巨大的潛力。現階段，量子測量的研究主要集中在量子目標識別、量子重力測量、量子磁場測量、量子定位導航和量子時頻同步等五大領域。

5.2.1　量子目標識別

量子目標識別是軍事國防領域的一個重要研究方向，相較於傳統目標識別，量子測量技術提供了一種全新的方法來檢測目標發出的微弱電磁訊號或其他特徵。這種方法的優勢就在於其高度精確的測量能力，可以實現對目標的高解析度識別，即使目標採取了隱形措施。透過測量目標發出的電磁訊號的相位、頻率、強度等特性，量子測量技術可以提供更多的資訊，說明確定目標的性質和身份。

並且，量子測量技術的高度靈敏性和低雜訊性質使其能夠檢測到微弱訊號，即使這些訊號被其他干擾所掩蓋。在電磁環境複雜或受到干擾的情況下，傳統的識別方法可能會受到限制，但量子測量技術可以在高雜訊環境中工作，提供可靠的結果。這對於戰場上的目標識別非常關鍵，因為軍事操作通常伴隨著各種電磁干擾和雜訊。

此外，量子測量技術還可以應用於衛星識別。衛星在現代軍事通訊、導航和情報收集中具有重要地位。透過測量衛星發出的訊號特徵，量子測量技術可以用於確定衛星的類型、軌道和任務。這對於國防安全和情報戰的戰略規劃和決策具有重要意義。

5.2.2　量子重力測量

量子重力測量是地球科學和資源勘探領域的一項重要應用，是基於量子測量技術的高精度和敏感性，來測量微弱的重力場變化，從而為地質勘探、資源勘探、環境監測等領域提供的工具和方法。

具體來看，地球科學研究和資源勘探中，重力場的測量和分析對於理解地下地質結構、探測礦藏、水資源、油氣儲層以及地下構造等方面至關重要。傳統的重力測量方法已經在這些領域中發揮了重要作用，但在面對微弱訊號、複雜地質條件或者深層結構時，傳統方法存在一定局限性。

量子測量技術的引入為解決這些問題提供了新的途徑。首先，量子測量技術的高度精確性使其能夠探測微小的重力場變化，即使這些變化非常微弱。這對於發現地下礦藏、水資源、地下管道等具有巨大的潛力。透過量子測量技術，可以實現對地下物質分佈和密度變化的高解析度測量，從而提高資源勘探的效率和準確性。

其次，量子測量技術的高度敏感性使其能夠檢測到微小的地質變化，包括地下斷層、岩石構造和地下水流等。這對於地質科學的研究和環境監測具有重要意義。透過監測地下重力場的微小變化，科學家可以更好地理解地殼運動、地震活動和水文迴圈等地球過程，有助於提前預警地質災害和環境變化。

此外，量子測量技術還具有非侵入性和高效率的特點，使其成為地下勘探的理想工具。傳統的地下勘探方法可能需要進行鑽探或地震勘探，這些方法費時費力且昂貴。相比之下，量子測量技術可以在地表進行非侵入性測量，無需破壞地下環境，減少了勘探成本和環境影響。

5.2.3　量子磁場測量

顧名思義，量子磁場測量主要是基於量子理論對磁場進行測量，這在地球科學、礦物勘探和醫學成像等領域已經有所應用。

　　要知道，地球磁場是地球內部結構和地球動力學的重要指標之一。透過對地球磁場的測量，科學家可以研究地球的磁場演化、地核和地幔的性質以及地殼構造等問題。但傳統的地磁測量方法通常需要在地表放置大量磁力計，並進行定點測量。而量子磁場測量技術可以實現高精度、即時性的磁場測量，不僅提高了測量效率，還擴大了測量範圍，有助於更好地理解地球內部的複雜磁場分佈。

　　此外，礦物勘探領域也對磁場測量有著巨大需求。在尋找礦藏和礦產資源時，地下的磁性特徵通常會與礦物的存在相關聯。傳統的磁性測量方法通常使用磁力計進行測量，但其解析度和精度受到限制。量子磁場測量技術可以實現對微小磁性特徵的高解析度測量，有助於更準確地定位和勘探礦藏，提高資源勘探的效率和成功率。

　　醫學成像領域也藉助了量子磁場測量技術的發展。核磁共振成像（MRI）是一種常用於醫學診斷的方法，它利用磁場和無線電波來生成人體內部的影像。而量子磁場測量技術可以提高 MRI 的靈敏度和解析度，使其能夠更精確地檢測人體內部的組織結構和異常情況，為醫學診斷提供更可靠的資料。

5.2.4　量子定位導航

　　導航的概念自古有之，石器時代的天文導航、航海時代的地磁導航為古人的出行指明了方向。隨著空間技術、電子資訊技術、電腦科學、光學通訊等科學技術的發展，這些古老的導航方法在最近幾十年逐漸演變為以無線電導航、慣性導航為代表的各種導航系統，導航、定位、授時 (PNT) 功能更加完善、成熟。並且隨著對基於位置、時間

等資訊為基礎而發展起來的現代戰爭，以及無人駕駛等技術，都對導航提出了更高的要求。但對於更高要求的導航系統，傳統定位技術的安全性、脆弱性及最終能達到的精度等方面的問題越來越需要苛刻對待。儘管基於星鏈通訊的導航技術在導航的精準度方面有了一定的提升，但還難以滿足自動駕駛這種更高精度的導航要求。

於是就有科學家開始嘗試以更高精度的量子技術為基礎，來探索基於量子通訊的導航方式，也就是量子導航定位系統。量子定位系統（Quantum Positioning System, QPS）概念最早是於 2001 年由美國麻省理工學院（MIT）電子學研究實驗室從事博士後研究的 Giovannetti Vittorio 博士、Mac-cone Lorenzo 博士與從事量子計算和量子通訊研究的機械工程學教授 Lloyd Seth 在他們發表的一篇名為《Quantum- Enhanced Positioning and Clock Synchronization》文章中提出的。而目前英國國防科學與技術實驗室（DSTL）正在研究的一種以超冷原子為基礎的加速計，它能前所未有地精確追蹤人體移動的位置。目前的 GPS 會在水下失靈，所以潛艇下沉後會失去 GPS 訊號，此時要用加速計來導航，記錄每次扭身、轉向，但加速計並不精確。如果沒有 GPS 定位，潛艇在水面航行一天可能偏離航線 1 公里左右，而量子導航定位系統 (QPS)會將偏離減小到 1 公尺。

DSTL 這項研究的技術原理，就是利用雷射能捕獲真空中的原子雲，並使其冷卻到絕對零度以上不到 1 度，超低溫下原子會變成一種量子態，這種量子態很容易受外力干擾而破壞，這時用另一束雷射來追蹤監測干擾造成的任何變化，就能計算出外力大小。由於潛艇航行時會受到海水作用而左右搖晃，導致略微偏向，DSTL 小組希望能把這套系統用在水下環境。

量子定位系統 (QPS) 是在量子力學理論和量子資訊理論的基礎上近些年發展起來的新一代導航定位技術。 這個系統中資訊的產生、測量與傳輸均有量子的參與，因其具有量子糾纏、量子塌縮等現象，不僅在資訊傳輸的保密性、安全性和測量精度等方面有著獨特的優勢，並且能夠實現傳統 GPS 或者衛星通訊覆蓋不到的區域實現精準通訊。

量子定位導航的應用領域主要是在現代戰爭的精準制導、精準打擊，以及交通運輸方面，尤其是無人駕駛技術方面是非常核心的技術。顯然，在導彈打擊、航空航太、航海、車輛導航等領域，高精度的定位導航系統對於確保安全和提高效率至關重要。基於此，量了測量技術可以利用精確的時間測量和距離測量，實現高度準確的位置資訊，為導航系統提供更可靠的資料。

比如，2018 年英國研製出名為量子定位系統（QPS）的量子加速度計，在潛艇行駛中，使用傳統的慣性導航系統一天偏移距離能達到 1 公里左右，而 QPS 一天的偏移距離只有一公尺。

5.2.5 量子時頻同步

在現代戰爭、通訊、金融交易和科學研究中，高精度的時鐘和頻率同步是至關重要的。量子測量技術可以利用量子態之間的糾纏關係來實現時間和頻率的高度精確測量，為通訊網路的安全性和資料傳輸的穩定性提供關鍵支援。

比如，在通訊領域，傳統的通訊系統依賴於精確的時鐘同步來協調資料的發送和接收。然而，在傳輸過程中，由於訊號傳播的延遲和雜訊干擾，時鐘同步可能會出現誤差，導致資料傳輸的不穩定性和丟

失。量子測量技術可以透過測量量子態之間的時間關聯性，實現高度精確的時鐘同步，提高通訊系統的資料傳輸速率和安全性。此外，量子金鑰分發（QKD）等量子通訊技術也依賴於準確的時間同步，以確保通訊的加密性和安全性。

此外，金融交易需要精確的時間戳記和頻率控制，以確保訂單的準確性和可追溯性。在高頻交易和全球金融市場中，時間差毫秒甚至微秒級別的差異都可能導致巨大的交易損失。量子測量技術可以提供高度穩定的時鐘和頻率同步，確保金融交易的準確性和公平性。此外，量子安全衛士和量子亂數產生等金融安全應用也依賴於量子時頻同步來保護金融資訊的安全性。

尤其是在現代戰爭中，精準的打擊不僅僅是位置上的精準，更是時間上的精準，而時間上的精準在很大程度上會獲得優先權。因此，基於量子技術的高精度通訊技術，不僅建構了更為安全的遠端控制能力，更重要的是可以實現比傳統意義上的時間概念更為精準，或者說接近於絕對精準的時間控制。

可以看到，量子測量技術的應用領域是非常廣泛的，涵蓋了基礎科學研究、軍事國防、航空航太、能源勘探、交通運輸、災害預警等多個領域。而未來，隨著量子測量技術的不斷創新和應用，量子測量技術還將在更多領域發揮其重要作用。

5.3 │ 磁力計邁向「量子化」

　　磁性是自然界中的一種基本物理屬性。小到微觀粒子，大到宇宙天體，都存在一定程度的磁性。從古代的指南針，到近代的高斯計，再到現代的超導量子干涉儀，磁測量技術也隨著科技進步在不斷發展，磁測量工具被應用在諸多領域。特別是基於量子理論的量子磁力計，更是量子精密測量產業中的主要代表之一。

5.3.1　不同技術路徑的量子磁力計

　　目前，量子磁力計已經發展出多種技術路徑，最主要的是核子旋進磁力計、超導量子干涉器件磁力計、原子磁力計和金剛石 NV 色心磁力計這四種磁力計。

　　其中，核子旋進磁力計是基於核磁共振（NMR）原理的磁力計。它利用原子核在外部磁場中的旋進運動來測量磁場的強度和方向。核子旋進磁力計廣泛用於醫學成像（MRI）和核磁共振譜學（NMR），以及地球物理研究等領域。

　　超導量子干涉器件磁力計（SQUID 磁力計）是一種基於超導材料的磁力計，利用了超導環路中的量子干涉效應來檢測微小磁場的變化。根據所使用的超導材料，SQUID 磁力計可分為低溫超導 SQUID 和高溫超導 SQUID；又可根據超導環中插入的約瑟夫森結的個數，分為直流超導量子干涉器件（DC-SQUID）和交流超導量子干涉器件（RF-SQUID）。SQUID 磁力計具有非常高的靈敏度，可用於測量微弱的磁場，如腦電活動、地球磁場和材料磁性等。

原子磁力計利用原子的量子性質和光學方法來測量磁場。這包括光泵測量、共振透明度（CPT）測量等。

金剛石氮空位（diamond nitrogen-vacancy）色心磁力計則是一種固態量子感測器，因具有極高的空間分辨能力而受到關注。金剛石 NV 色心磁力計原理是單電子自旋比特的相干操縱，金剛石晶體中的 NV 色心作為一個量子位元的電子自旋，與外部磁場耦合，特點是無需低溫冷卻即可保證生物相容性和高靈敏度，被廣泛應用在生物大分子和基礎物理等方面的研究中。並且該材料的生物訊號成像在理論上接近光學衍射極限，具有極優的空間解析度。

目前，基於單 NV 色心的磁測量技術在靈敏度指標上已經實現了奈米尺度解析度以及可測得單核自旋的靈敏度。2015 年，中國科大杜江峰團隊利用 NV 色心作為量子探針，在室溫大氣條件下獲得了世界上首張單蛋白質分子的磁共振譜。該研究不僅將磁共振技術的研究物件從數十億個分子推進到單個分子，「室溫大氣」這一寬鬆的實驗環境也為該技術未來在生命科學等領域的廣泛應用提供了必要條件，使得高解析度的奈米磁共振成像及診斷成為可能。

與單 NV 色心的磁測量技術略有不同，基於系綜 NV 色心的磁測量技術通常面向的是宏觀磁場的測量。在應用方面，基於系綜 NV 色心的磁力計已測得了蠕蟲神經元產生的磁訊號、渦流成像、古地磁學中的礦石檢測等。

值得一提的是，各種量子磁力計在不同特性上各有優劣，針對不同應用場合也各有所長。其中，基於量子自旋技術的金剛石 NV 色心磁力計與原子磁力計是近些年最有望商業化的量子感測器，適用行業和應用場景也較為多樣化。

5.3.2　向醫療領域前進

在生命科學研究領域，光、電、熱、磁等物理量都是重要的測量要素，其中使用最廣的是光學成像。然而，光學成像往往受生物樣品中的背景訊號強、螢光訊號不穩定、較難絕對定量等問題限制，影響檢測的精準性。

磁共振成像（MRI）由於其可穿透、低背景、無損傷和穩定等特點，有望解決光學成像的上述不足，但是卻受限於低靈敏度和低空間解析度，很難應用於組織水平微米至奈米級解析度的成像。在這樣的背景下，近年發展起來的金剛石氮空位（nitrogen-vacancy，NV）色心磁力計提供了一種全新的技術解決方法。

基於 NV 色心的磁成像技術可以實現微弱磁訊號的探測，具有奈米級的空間解析度和非侵入性，為生命科學領域提供了靈活且相容性高的磁場測量平台，可展開免疫與炎症、神經退行性疾病、心血管疾病、生物磁感應、磁共振造影劑等領域的組織水平研究和臨床診斷，尤其對於含有光學背景、光透過差和需要量化分析的生物組織具有獨特優勢。

在磁成像方面，基於 NV 色心的磁成像技術主要有兩種：掃描磁成像和寬場磁成像。掃描磁成像是與 AFM 技術相結合，該技術使用的是單色心金剛石感測器，成像方式是一種單點掃描式的成像，具有極高的空間解析度與靈敏度，但成像速度與成像範圍制約了該技術在某些方面的應用。寬場磁成像則是使用系綜金剛石感測器，高濃度的 NV 色心相比於單個 NV 色心而言，雖然降低了空間解析度，但是其在寬場、即時成像方面卻表現出巨大的潛力。

　　比如，趨磁細菌磁成像的應用。趨磁細菌（Magnetotactic bacterium）是一類在外磁場作用下能作定向運動並在體內形成奈米磁性顆粒－磁小體（Magnetosome）的細菌，主要分佈於土壤、湖泊和海洋中。

　　而通過將細菌放置在金剛石表面，利用光學方法探測 NV 色心量子自旋態，就可快速重建細菌中磁小體產生的磁場向量分量的圖像。寬場磁成像顯微鏡可以在亞微米解析度和大視場情況下對多個細胞同時進行光學成像和磁成像。這項工作為高空間解析度條件下成像活細胞內的生物磁結構提供了新的方法，並將使細胞內和細胞網路內廣泛磁訊號的映射成為可能。

　　再比如，在免疫磁標記細胞磁成像方面，寬場磁成像也展現了特殊的價值。癌症是目前導致人類死亡最多的疾病之一，對癌症分子機理的研究和臨床早期精確診斷是有效治療的基礎。中國科學技術大學的研究團隊發展了組織水平的免疫磁標記方法，通過抗原 - 抗體的特異性識別，將超順磁顆粒特異標記在腫瘤組織中的 PD-L1 等靶蛋白分子上，接著將組織樣品緊密貼附在金剛石表面，然後利用金剛石中分佈在近表面約百奈米的一層 NV 色心作為二維量子磁感測器，在 400 nm 解析度的 NV 寬場顯微鏡上進行磁場成像，在毫米級的視野範圍裡達到微米級空間解析度，最後通過深度學習模型重構磁場對應的磁矩分佈，為定量分析提供基礎。

　　此前，哈佛史密斯天體物理中心採用了免疫磁標記技術與 NV 寬場磁成像技術，對癌細胞與健康細胞的磁成像技術做了對比，證明成像技術的實用性，為生物醫學在細胞檢測領域提供了重要手段。

5.4 │ 讓時間精確到千億億分之一

對時間的認識與對時間的計量是一個古老的學科，所謂「四方上下曰宇，往古來今曰宙」就是古人樸素的時空統一觀念。基於天文時的天文曆法一直是文明的一個重要標誌，在農耕文明時代裡，曆法的精度會對社會生活產生重要影響。在現代工業時代裡，社會學家路易斯·芒福德（Lewis Mumford）則認為：「現代工業時代的關鍵機器，是時鐘，而不是蒸汽機。」

如果說時鐘是工業時代的關鍵機器，那麼在資訊時代，它仍然是關鍵機器。如果沒有現代時鐘，定義資訊時代的機器 —— 電腦，就無法存在。時鐘不僅可以同步人的行為，還可以確定電腦每秒鐘執行的數十億次操作的速度。資訊時代下，人們對於時鐘的精確程度提出了更高的要求，而量子測量正滿足了人們對於更加精確的時間測量的新需求。

5.4.1　量子理論下的時間測量

時鐘的準確性，來自於其時間基準，擺鐘的時基是鐘擺。

600 多年前，伽利略無意間發現當教堂裡的吊燈在隨風搖擺時，每次來回擺動的時間總是相近的。根據伽利略的見解，惠更斯成為製造出第一台高品質擺鐘的人。1657 年，惠更斯設計出的時鐘代表了計時技術的巨大飛躍。此前，最好的時鐘每天跑偏大概 15 分鐘；而惠更斯的時鐘，每天的誤差僅為 10 秒。

不過，儘管在理想條件下，決定擺動時間的唯一兩個因素是擺的長度和地球表面的重力加速度，但即使地球非常接近一個完美的球體，即使由於重力而產生的加速度在任何地方幾乎都是恆定的，這些微小的差別也可以疊加起來，影響擺鐘的精度。於是，19 世紀中葉，人們在擺鐘裝置的基礎上逐漸發展出日益精密的機械鐘錶，使機械鐘錶的計時精度達到基本滿足人們日常計時需要的水平。

而從 20 世紀 30 年代開始，隨著晶體振盪器的發明，小型化、低能耗的石英晶體鐘錶代替了機械鐘，廣泛應用在電子計時器和其他各種計時領域，一直到現在，成為人們日常生活中所使用的主要計時裝置。

與擺鐘不同，石英鐘的時基是一塊小小的石英晶體。當電壓施加於石英晶體，它將進行高頻率物理振動。振動的頻率取決於許多因素，包括晶體的類型和形狀，但通常，石英電子錶的石英晶體以 32768 赫茲的頻率振動。數位電路會對這些振動計數，記錄流逝的每一秒。不過，這對於高速發展的資訊時代依然不足夠。

現代電腦在幾千萬分之一秒、幾億分之一秒，甚至十幾億分之一秒內要進行計算。現代技術需要有一種更精確的國際標準時間：如要有一秒鐘誤差，用六分儀導航的海員就可能產生 1 ／ 4 英里的偏差；相差 1‰秒，太空船能飛出 10 米；每一秒鐘，電腦可運算 80 萬次。

為了滿足資訊化對於精確時間的需求，從 20 世紀 40 年代開始，時鐘製造轉向了基於量子理論的原子鐘，原子鐘成為世界上最準確的鐘 —— 原子內部的電子在躍遷時會輻射出電磁波，而它的躍遷頻率是極其穩定的。利用這種電磁波來控制電子振盪器，從而控制鐘的走時，就是原子鐘。

具體來看，原子，比如銫，有一種共振頻率，也就是該頻率的電磁輻射將導致它「振動」── 振動指的是「繞軌道運行」的電子將躍遷到更高的能量級。用 9192631770 赫茲精確頻率的微波輻射刺激，銫 133 同位素會共振。而這一輻射頻率就是原子鐘的時間基準，而銫原子充當的是校準器的角色，確保頻率正確。在這樣的背景下，1967 年第 13 屆國際計量大會將時間「秒」進行了重新定義：「1 秒為銫原子基態的兩個超精細能階之間躍遷所對應的輻射的 9 192 631 770 個週期所持續的時間。」

原子鐘的準確程度，對惠更斯來說幾乎是不可想像的。惠更斯的擺鐘每天的誤差可能達到 10 秒，而如果一台原子鐘在地球形成的 45 億年前開始計時，到今天它的誤差大概也就不到 10 秒。

世界第一架原子鐘 ── 氨鐘，是美國國家標準局於 1949 年製成的，這標誌著時間計量和導時進入了新紀元。隨後的十幾年中，原子鐘技術有了很大發展，先後又製成了銣鐘、銫鐘、氫鐘等。到了 1992 年，原子鐘已在世界上普遍使用。

5.4.2 從原子鐘到冷原子鐘

在原子鐘發展的同時，隨著雷射冷卻原子技術的發展，利用雷射冷卻的原子製造的冷原子鐘正在使時間測量的精度進一步提高。冷原子鐘是通過降低原子溫度，使原子能階躍遷頻率更少地受到外界干擾，從而實現更高精度的原子鐘。

目前，最準確的原子鐘是將原子冷卻到接近絕對零度的溫度，用雷射減慢原子熱運動並在充滿微波的空腔中的原子容器中對原子進行

探測，對這些幾乎不動的原子進行測量，結果會更加準確 —— 地面上精確度最高的冷原子噴泉鐘的誤差已經縮小到 1 秒 /3 億年，更高精度的冷原子光鐘也在飛速發展中。

冷原子鐘的下一步，是走向空間冷原子鐘。與地面冷原子鐘不同，空間冷原子鐘主要利用了空間的微重力環境。在微重力環境下，原子團可以做超慢速等速直線運動。處於純量子基態上的原子經過環形微波腔，與分離微波場兩次相互作用後產生量子疊加態，經由原子雙能階探測器測出處於兩種量子態上的原子數比例，獲得原子躍遷概率，改變微波頻率即可獲得原子鐘的冉賽條紋譜線，利用該譜線回饋到本地振盪器即可獲得高精度的時間頻率標準訊號。中國科學家正在積極發展下一代更高精度的星載微波段原子鐘，2018 年在國際上首次實現了利用雷射冷卻技術的空間冷原子鐘。

與此同時，由於量子精密測量方法上的突破，現在，科學家們又開發了鍶、鐿等新型原子鐘，它們的頻率要更高，在光學波段，因此被稱作「光學原子鐘」，簡稱「光鐘」。光鐘的測量精度現在已經可以做到千億億分之一，即 10-19，在整個宇宙年齡的時間尺度上，誤差還不到 1 秒。

近 20 年來，光鐘技術迅猛發展，例如，美國國家標準局研製的鍶原子光鐘，在不確定度上達到 10-18 量級、穩定度達到 10-19 量級，相比微波原子鐘進步了至少兩個數量級；中國科學家發展的鈣離子光鐘的不確定度與穩定度均進入 10-18 量級。同時，中國已佈局發展空間光鐘，目標是要在太空中把時間頻率測量精度提高兩個數量級。

5.4.3　時間精度的革新將帶來什麼？

作為七大基本物理量之一的時間，是目前測量最精確的物理量。那麼，人們不斷在理論和技術上進行探索來提高時間測量精度，是為了什麼呢？

最直接的改變，是帶給我們對世界的全新認識。一百多年前，著名物理學家克耳文勳爵就認為「物理學的未來，將只有在小數點第六位後面去尋找」，精密計量學的意義可見一斑。2005 年諾貝爾物理學獎得主約翰·霍爾更是說「計量學是科學之母」。時間的精確測量和傳遞，將使人們能夠對相對論原理、各種引力理論、暗物質模型等等基礎物理進行實驗檢驗。測量結果的微小不同，帶給我們的卻可能是時空觀念的轉變。

此外，時間精度的革新，還將影響到技術的開發。比如，衛星的導航精度就與計時精度緊密相關，我們的生活早已離不開導航和定位，想要定位更準確，比如精確到公尺以下，就需要更好的計時精度。

一如 18 世紀和 19 世紀最先進的時鐘為航海導航帶去了革命性的進步一樣，資訊時代的原子鐘和光鐘同樣革新了導航。在此基礎上建立的全球定位導航系統（如美國的 GPS），已經覆蓋了整個地球 98% 的表面。

不管是在我們的智慧手機上還是導彈頭上，GPS 都可以通過確定至少 4 顆衛星距離地球端接收器之間的距離，來進行定位。從相隔 20000 公里的衛星發送光速訊號，用大約 66 毫秒可到達我們手裡。如果我們距離衛星移動了 10 公尺，訊號則還要再多用 33 奈秒（0.000000033 秒）。

GPS 接收器必須能捕捉到傳輸時間和到達時間之間如此微小的差異。為了實現這一目標，GPS 不僅需要將數顆衛星送入太空，而且要在每顆衛星上放置一台原子鐘。透過測量來自不同衛星的訊號到達的時間差，GPS 接收器可以使用三角測量法來計算其緯度、經度和海拔高度。今天的原子鐘和 GPS 衛星不僅可以告知我們在什麼位置，還能告訴我們如今正處於哪個地方。

原子鐘應用於導航定位系統除了提升導航系統自主運行能力、提高導航定位精度外，原子鐘還為科學探索打開了全新的階段。

在基礎物理研究方面，高精度的時間測量對推進基本物理常數測量、廣義相對論驗證等精密測量的發展具有重要意義，如引力紅移測量、探測引力波、光速各向異性的測量、引力梯度測量以及暗物質等。畢竟，如今，「時間」已經成為現代科學技術中測量準確度最高的基本物理量，通過各種物理轉化，可以提高長度、磁場、電場、溫度等其他基本物理量的測量精度，是現代物理計量的基礎。

當前，人類已經踏上了一場不斷提高時間度量準確度的遠征，從石英鐘到原子鐘，關於精確的變革或許還將帶領人類進入一個全新的世界，在那個世界裡，人們還將重新理解時間。

5.5 │ 量子測量，蓄勢待發

當前，量子精密測量相關的研究已在全球多個國家和地區展開，主要研究內容包括提升測量性能指標，進一步挑戰測量精度記錄和突

破古典力學的測量極限；推進樣機系統工程化，進一步展開小型化、晶片化和可移動化研發，增強系統實用性，並持續獲得新的突破。

5.5.1 競相佈局量子測量

今天，全球範圍內，量子測量已經受到了廣泛關注，尤其是基於量子測量在基礎理論研究、航空航太、生物醫藥、慣性制導、能源勘探等諸多領域的應用潛力，各國政府都在加速佈局量子測量，加大研究開發的力度。

美國早在 2016 年就提出了十大「Big Idcas」作為長期研究計畫，其中包括「量子飛躍：引領下一次量子革命」計畫，著眼於實現更高效的計算、通訊、傳感和模擬；國防部高級研究計畫局（DARPA）設立小企業創新研究（Small Business Innovation Research，SBIR）和小企業技術轉讓（Small Business Technology Transfer，SBTT）專案，支援包括量子傳感與計量在內的十餘個技術領域的研究。2020 年 12 月，美國空軍撥款 3500 萬美元量子研究資金，AOSense 等 8 家量子測量企業獲得資金支持。DARPA 啟動的 Micro-PNT 計畫也支援了晶片級原子鐘、整合微型主原子鐘（冷原子鐘）、量子陀螺等領域的研究，開發小型化、晶片化的定位導航授時系統，重點研究和發展無源定位導航技術，確保軍隊能夠在全球定位導航系統拒止條件下保持高精度的定位導航授時能力。美國國防部啟動的「增強原子鐘穩定性」（ACES）專案旨在開發下一代晶片級原子鐘，並將性能提高 1000 倍。

歐洲量子技術旗艦計畫成立於 2018 年，目的是將研究機構、行業和公共資助者聚集在一起，促進歐洲量子產業的發展，使量子研究成

果成為商業應用和顛覆性技術。2020 年 2 月，歐盟發佈的量子旗艦計畫戰略研究進展報告中指出，量子傳感與測量技術主要聚焦於壓力、溫度、重力、磁場測量，以及時鐘同步、定位導航、超高分辨成像等領域，並在將醫學、物理、化學、生物學、地球物理、氣候科學、環境科學等應用領域產生重大的影響。歐洲量子旗艦計畫啟動了 20 個研究專案，其中有 4 個項目直接與量子測量相關，分別是 macQsimal（用於傳感和計量應用的微型原子蒸氣池量子器件開發）、MetaboliQs（利用室溫金剛石量子動力學實現安全的多模式心臟成像）、iqClock（整合量子時鐘）和 ASTERIQS（金剛石量子傳感技術）。

英國量子技術戰略委員會啟動國家量子技術計畫，投資 1.2 億英鎊建立 4 個量子技術中心。其中，英國國家量子技術中心將聚焦量子感測器和測量技術，應用於國防、地球物理學、醫學診斷、建築、海軍導航、資料儲存主機、健康監測、遊戲介面、GPS 替換、資料儲存產品、本地網路定時和重力成像等領域，量子成像中心將聚焦新型超高靈敏度相機，包括單光子可見光和紅外攝影機、單圖元攝影機、極端時間解析度成像、三維輪廓、高光譜、超低通量隱蔽照明、超視距成像和局部重力場成像等技術領域。並計畫在 5 年內為 4 個中心投資 9400 萬英鎊，刷新了量子技術中心，以保持英國通過英國國家量子技術計畫在量子技術方面建立的技術研究領導地位。

德國實施的「量子技術 —— 從基礎到市場」計畫，在 2018—2022 年間為量子技術研發、產業化撥款 6.5 億歐元，重點研究包括用於高性能高安全資料網路的測量技術在內的諸多技術領域，為量子技術的發展打下牢固的學術和經濟基礎。

日本文部省發佈量子飛躍旗艦計畫（Q-LEAP），資助光量子領域的科學研究，重點支持包括量子測量和感測器在內的 3 個技術領域的研發，每個技術領域設立 1 個基礎研究專案和 2 個旗艦專案。基礎研究專案每年資助 2000 萬~3000 萬日元，旗艦專案每年資助 3 億~4 億日元。在量子測量和感測器領域，設置了固體量子感測器及量子光感測器 2 項旗艦專案。

在中國，中共中央政治局於 2020 年 10 月 16 日就量子科技研究和應用前景舉行第二十四次集體學習，中國科學院薛其坤院士進行講解，提出了意見和建議。習近平總書記發表重要演講，為當前和今後一個時期中國量子科技發展做出重要戰略謀劃和系統佈局。十九屆五中全會審議通過的「十四五」規劃建議中也提到對量子資訊等前沿領域實施一批具有前瞻性、戰略性的國家重大科技專案。2020 年 12 月以來，各省市陸續發布「十四五」規劃與建議，提出加快突破核心關鍵技術，前瞻佈局量子科技。安徽省特別提到要加快形成量子資訊產業創新鏈，打造具有全球影響力的「量子中心」，並且積極佈局空地一體量子精密測量實驗設施。

不過，在量子測量的許多領域，中國技術研究和樣機研製與國際先進水平仍有較大的差距。歐美多家公司已推出基於冷原子的重力儀、頻率基準（時鐘）、加速度計、陀螺儀等商用化產品，同時積極展開包括量子計算在內的新興領域研究和產品開發，產業化發展較為迅速。代表性量子傳感測量企業包括 —— 美國 AOSense 公司作為創新型原子光學感測器製造商，專注於高精度導航，時間和頻率標準以及重力測量研究，主要產品包括商用緊湊型量子重力儀、冷原子頻率基準等，與國家航空航天局（NASA）等機構展開研究合作。

美國 Quspin 公司 2013 年宣佈研製小型化 SERF 原子磁力計，2019 年已經推出第二代產品，探頭體積達到 5cm3，進一步向腦磁探測陣列系統發展。美國 Geometrics 公司致力於地震儀和原子磁力計的研發，已推出多款陸基和機載地磁測量產品。法國 Muquans 公司在量子慣性傳感，高性能時間和頻率應用以及先進雷射解決方案領域開發廣泛產品線，主要產品包括絕對量子重力儀、冷原子頻率基準等，2020 年開始進行量子計算處理器研發。

英國 MSquaredLasers 公司，開發用於重力，加速度和旋轉的慣性感測器以及量子定時裝置，主要產品包括量子加速度計、量子重力儀和光晶格鐘等，還涉足中性原子和離子的量子電腦研發。

而中國量子測量應用與產業化則尚處於起步階段，落後於歐美國家。在光鐘的前沿研究方面，中國樣機精度指標與國際先進水平相差兩個數量級；中國核磁共振陀螺樣機在體積和精度方面都存在一定差距；量子目標識別研究和系統化整合仍有差距；微波波段量子探測技術研究與國際領先水平差距較大；量子重力儀方面性能指標接近，在工程化和小型化產品研製方面仍處於起步階段。

中國較為成熟的量子測量產品主要集中於量子時頻同步領域，成都天奧從事時間頻率產品、北斗衛星應用產品的研發，主要產品為原子鐘。此外，中電科、航太科技、航太科工和中船重工集團下屬的一些研究機構正逐步在各自優勢領域開展量子測量方向研究。

5.5.2　量子測量邁向市場化

當前，量子測量已經進入了市場化的階段。

從產業發展來看，全球量子測量產業市場收入逐年增長。BCC Research 報告指出，全球量子測量市場收入額在最近兩年內年均複合增長率（CAGR）約為 10% 左右，並預計在 2020—2025 年期間增長到約 3 億美金。

其中，原子鐘、重力儀、磁力計領域發展較早，技術相對成熟，佔據量子測量絕大部分份額。根據 ICV 資料預測，2022 年，原子鐘市場佔有率約為 4.4 億美元，占比最高（46.3%），複合增長率約為 4.9%（2022-2029）；其次為量子磁測量，市場佔有率約為 2.5 億美元，複合增長率約為 6.2%（2022-2029）；隨後是量子科研和工業儀器，市場佔有率約為 2 億美元，複合增長率約為 4.4%（2022-2029）；最後是量子重力測量，市場佔有率約為 0.6 億美元，複合增長率約為 5.4%（2022-2029）。

如果按地域劃分，當前，全球主要供應商集中在北美（主要是美國），占比約為 47%；其次是歐洲（主要是西歐國家和俄羅斯），占比約為 28%；然後是亞太（日本、韓國、中國、澳大利亞、新加坡），占比約為 21%。美國和西歐國家是主要的技術輸出國，同時也是技術採購方。其中，涉及量子測量技術的國際公司包括 AOSense、μQuans、Twinleaf、Oscilloquartz、Northrop Grumman 等，量子加速度計、時鐘源、雷達成像、磁力儀、陀螺儀、重力儀均已實現產品化，廣泛應用於航空航太、軍事軍工、電信網路、能源勘探、醫學檢測等諸多領域。

而亞太地區，特別是中國，未來量子測量產品的需求量或將佔據主導地位。隨著近年來中國遠端醫療、工業網際網路、IoT、IoV、自主機器人、微型衛星等技術與應用的逐步成熟，超精密、小型化、低成本的傳感裝置、生物探測器、定位導航系統等器件的需求量會顯著增長，廣闊的市場潛力不容小覷。

5.5.3 標準化問題尚待解決

在量子測量進入產業化階段的同時，量子測量還需要解決的一個問題，就是標準化問題。

目前，量子測量標準化研究主要集中在術語定義、應用模式、技術演進等早期預研階段，標準體系尚未建立，企業參與度不高。要知道，量子測量存在眾多技術方向和應用領域，其中的術語定義、指標體系、測試方法存在較大差異性，因此，量子測量還需要進行標準化的研究，以幫助應用開發、測試驗證和產業推動。

顯然，對於已經進入樣機或初步實用化的技術領域，開展總體技術要求、評價體系、測試方法和元件介面等方面的標準化研究工作有相當的必要性。

但直到今天，量子測量領域僅在零星的領域開展標準化預研和初步探索，標準化尚未全面開展。例如，ITU-T 的面向網路的量子資訊技術焦點組（FG-QIT4N）和 IETF 的量子網際網路研究組對量子時頻同步在網路中的應用案例開展研究；中國 TC578（全國量子計算與測量標準化技術委員會）立項研究課題，開展量子慣性測量測試方法研究；中國通訊標準化協會（CCSA）量子通訊與資訊技術特設任務組（ST7）在量子資訊處理工作組（WG2）立項研究課題，開展量子時間同步技術在通訊網中的應用研究。

可以說，今天，量子測量產業發展處在早期階段，而在大規模應用到來之前，量子測量還需要多方助力合作 ，共同推進技術發展和產業推廣，實現研究成果落地和產品化。

通向量子時代

6

CHAPTER

領先方案：
搶佔量子高地

6.1 量子科技蔚然成風

如今，第二次量子革命正在如火如荼的進行中。

第一次量子革命啟動了基於量子力學原理的最初一輪技術革命，包括雷射、半導體和磁共振成像（MRI）等問題。現在，新一輪量子革命則專注於創造出一系列顛覆性的量子技術，它們利用量子力學的一些原理 —— 比如疊加和糾纏等獨特性能為通訊、計算、雷達、定時、傳感、成像、計量和導航等量子應用提供前所未有的力量、精度、安全性和靈敏度。

6.1.1 量子科學發展迅猛

目前，全球量子科學發展迅猛。一方面，量子計算技術的發展正在大幅推動量子通訊的發展。量子計算技術作為應用量子力學原理來進行有效計算的一種新模式，其藉助量子態的疊加特性來實現傳統電腦無法實現的平行計算。量子計算對於在物理上具體實現量子密碼、量子通訊和量子電腦均具有實際的意義，目前它已成為智慧訊息處理中的一個研究焦點，特別是在訊息安全中具有廣闊的應用前景。量子電腦有望成為下一代電腦，這一說法已經逐漸被業內接受。

量子技術在認知科學上已經取得進展，可以在工程系統中嘗試模仿人類的學習方式，並為建造表現和模仿人類智慧的工程系統服務。而光量子晶片具備運算速度快、體積微小的特點，可應用於奈米級機器人的製造、各種電子裝置中以及嵌入式技術中。

　　不僅如此，其應用範圍還包括衛星飛行器、核能控制等大型設備、中微子通訊技術、量子通訊技術、虛擬空間通訊技術等訊息傳播領域，以及未來先進軍事高科技武器和新醫療技術等高精端科研領域，具有巨大的市場空間。隨著量子儲存能力的突破和量子計算技術的發展，以及量子錯誤更正編碼、量子檢測等技術的應用，量子通訊系統的效能將會得到很大的提高。

　　另一方面，從專網發展到公眾網路，量子通訊正在走向大規模應用。量子通訊技術是解決訊息安全的根本性手段，具有重大的經濟價值和戰略意義，其長遠目標是實現絕對安全的遠距離量子通訊，最終目標是促進量子保密通訊產業化。量子通訊從原理走上小範圍專用問題的實用化，是現在全世界都在努力的方向。

　　不過，對於如何將量子通訊系統應用到經典的通訊網路中，如何在成本和收益之間權衡，真正實現量子通訊網路，還需要進一步的探索。從量子通訊網路體系路線圖看，量子通訊技術的實際應用將分三步走：一是透過光纖實現區域量子通訊網路；二是透過量子中繼器實現都會量子通訊網路；三是透過衛星中轉實現可涵蓋全球的廣域量子通訊網路。

　　目前，量子通訊的研究已經進入了工程實現的關鍵時期。隨著量子通訊技術的產業化和廣域量子通訊網路的實現，作為保障未來訊息社會通訊安全的關鍵技術，未來 10 年內，量子通訊有望走向大規模應用，成為電子政務、電子商務、電子醫療、生物特徵傳輸和智慧傳輸系統等各種電子服務的驅動器，為當今訊息化社會提供基礎的安全服務和最可靠的安全保障。

並且，量子通訊在軍事、國防、金融等訊息安全領域都有著重大的應用價值和前景，不僅可用於軍事、國防等領域的國家級保密通訊，還可用於涉及秘密資料、票據的政府、電信、證券、保險、銀行、工商、地稅、財政等領域和部門。量子通訊既可民用，也可軍用，如果同衛星裝置統一配對，其應用領域還會更廣、更多、更深。未來量子通訊衛星一旦取得成功，必將率先使訊息技術產業的內容完全揭開嶄新的一頁，不但會讓傳統的訊息產業發生徹底變更，而且會推動新興訊息產業，包括電腦、軟體、衛星通訊、資料庫、諮詢服務、影像視聽、訊息系統建設業等，愈加效能高、速度快、產出大和安全保密性強。

此外，量子衛星的太空競賽也將競相展開。雖然目前量子通訊產業還處於發展的初期階段，但卻已經得到廣泛應用的衛星通訊和空間技術，這也給全球範圍的量子通訊提供了一種新的解決方案，即可以透過量子儲存技術與量子糾纏交換和純化技術的結合，做成量子中繼器，突破光纖和陸上自由空間連線通訊距離短的限制，延伸量子通訊距離，實現真正意義上的全球量子通訊。

能進行量子衛星傳輸的國家，將擁有許多新優勢，它能將高度敏感機密進行加密。為了在量子通訊領域中位居上風，所有利益攸關的國家，都競相發展相關科技。當前，國內外許多研究團隊都正在建造可供衛星承載的量子傳輸設備，量子衛星的太空競賽將在各國展開。

可以預期，隨著量子技術的發展，量子技術還將會誕生一系列重要的商業和國防應用，進而帶來利潤豐厚的市場機會和具有破壞性的軍事能力。

6.1.2 量子科技上升國家戰略

　　隨著人類基於量子力學對微觀粒子系統的觀測和調控能力的不斷突破和提升，量子科技革命的第二次浪潮正在到來。量子資訊科學是量子力學與資訊科學等學科相結合而產生的新興交叉學科，量子計算、量子通訊、量子測量是量子資訊科學發展的三個重要領域，未來也是技術創新和產業升級的關注焦點。

　　量子資訊技術具有重要科學與應用價值，可能引發對傳統資訊技術體系產生衝擊和重構的顛覆性技術創新，並對資訊通訊技術演進和產業發展產生重要驅動作用。近年來，全球量子資訊技術發展與應用呈現加速趨勢。各主要國家紛紛在量子資訊技術領域加強佈局規劃並進一步加大支持投入力度，推出發展戰略和研究應用專案規劃。美、歐、亞各國高度重視，均將量子資訊列為「保持國家競爭力」的重點課題。中國對於量子資訊技術和產業發展的重視程度也在逐步提高。

6.2 | 美國：量子科技，世界領先

　　一直以來，美國政府都高度重視量子技術的相關研究，將量子技術作為引領未來軍事革命的顛覆性、戰略性技術。美國聯邦機構在過去的 20 年中，已經對量子資訊科學給予很多支援。

6.2.1 十年量子計畫

　　早在 2002 年，美國國防部高級研究計畫局（DARPA）就制定了「量子資訊科學和技術發展規劃」，並於 2004 年發佈 2.0 版，提出量子

計算發展的主要步驟和時間表。這也成為美國早在 21 世紀初期，便已建立量子資訊領域先發優勢的重要原因。2007 年，DARPA 將量子科技作為核心技術基礎列入其戰略規劃，在 2015 年設定的戰略投資領域中，量子物理學成為 DARPA 的三大技術尖端之一。

2009 年，美國國家科學與技術委員會發佈（NSTC）出版了《量子資訊科學的聯邦願景》，建議政府加強量子技術的控制和利用。為此，國家科學基金會（NSF）建立了「量子資訊科學跨學科研究計畫」。2016 年 7 月，NSTC 發佈《推進量子資訊科學發展：美國的挑戰與機遇》報告，分析美國在該領域發展所面臨的挑戰與因應措施，以及美國聯邦政府主要機構在量子資訊科技發展領域的投資重點。作為 NSTC 報告的補充，之後美國能源部（DOE）發佈了《與基礎科學、量子資訊科學和計算交匯的量子感測器》報告。

此外，2015 年初，美國陸軍研究實驗室（ARL）發佈《2015-2019 年技術實施計畫》，提出 2015-2030 年量子資訊科學研發目標與基礎設施建設目標。2016 年起，國防部長辦公室支援三軍量子科學與工程製造專案（QSEP）。

2018 年 6 月 27 日，美國眾議院科學委員會正式通過了《國家量子倡議法案》（National Quantum Initiative Act，NQI），開啟了美國的十年量子計畫，這也被認為是美國量子研發事業發展的里程碑，標誌著美國聯邦政府正式介入這一蘊藏著巨大機會、有可能改變科技和經濟競爭格局的新興領域。

美國政府從基礎研究、人才培養、與產業界合作、基礎設施、國家安全和經濟增長、國際合作等幾個方面統籌推進，既強調基礎科學

和人才，也考慮到未來的產業化和供應鏈，力圖打造一個產學研緊密結合的量子生態體系，同時也開展了相應的投資和佈局。

基礎研究方面，《國家量子法案》賦予美國國家量子計畫 10 年的實現週期，即希望 10 年後量子資訊科學有實質性的突破，並要求以 5 年為節點進行評估，以便根據實際情況重新制訂戰略規劃，其中科學被置於首位。

國家科學技術委員會量子信息科學分委會認為，基礎科學構成了一個國家繁榮和安全的基礎，美國在二戰後取得的軍事和技術主導地位得益於它對科學的大規模投資。目前美國學界、商界對於量子科技的潛力已取得共識，因此在量子資訊科學的科學發展上保持領先也是美國的既定政策。

為此，2020 年 10 月，在吸收和採納量子資訊科學專家意見的基礎上，國家科學技術委員會量子資訊科學分委會與白宮國家量子協調辦公室聯合發佈了《量子前沿報告》（Quantum Frontiers Report），提出了政府、私營部門和學術界未來要盡力取得突破的八大量子資訊科學前沿領域，分別是：擴大量子技術機會以造福社會；確立量子工程學科；針對量子技術的材料科學；透過量子模擬探究量子力學；利用量子資訊技術開展精確測量；為新應用生成和分發量子糾纏；表徵並減輕量子偏差和錯誤；利用量子資訊科學理解宇宙。

人才培養方面，與其他學科一樣，美國量子資訊科學領域的人才培養依賴於對基礎研究的長期穩定投資和大學、實驗室及相關產業創造的工作機會。基於此，國家科學技術委員會量子資訊科學分委會設立了一個跨部門量子人才工作組（IWG on Workforce），負責與教育

界、產業界及量子經濟發展聯盟（QED-C）等利益相關部門進行接洽，協調各聯邦成員機構在人才培養方面的事宜。

國家科學基金會、國家標準技術研究院、能源部、國家航空航天局等均設立自己的研究中心和專案，因此在人才培養方面也都有各自的規劃。特別是國家科學基金會，由於其本身是人才培養的主要資助者，且認識到量子資訊科學領域的跨學科性質，因此成立了一個工作組，以便在基金會的幾個技術理事會間開展協調。比如，Q-12 教育夥伴計畫是由國家科學基金會和國家量子協調辦公室領銜的公私合作專案，目的是推動量子共同體（或社群）的形成和發展。這一夥伴計畫的成員主要負責量子資訊科學的教育和普及推廣。相關領域教師的培訓也已經於 2021 年夏天開展，由 NSF 和 Q-12 夥伴計畫提供支持。

國家標準技術研究院也設立了一系列專案支持研究生和博士後，比如通過其分別與幾所大學聯合成立的研究機構（與科羅拉多大學聯合成立的吉拉研究所、與馬里蘭大學聯合成立的聯合量子研究所及與馬里蘭大學聯合成立的量子資訊與電腦科學聯合中心等）進行支持。

能源部則將量子資訊科學內容納入由其科學辦公室負責的研究生研究（Graduate Student Research）活動專案。能源部的國家實驗室組織各類暑期學校、實習及其他機會來普及和提高對量子資訊科學領域的教育培訓。能源部也通過「計算科學研究生獎學金」等專案，積極擴大對量子資訊科學領域學生的支援。

與產業界合作方面，美國政府推出了《國家量子資訊科學戰略總覽》及《國家量子法案》，《國家量子資訊科學戰略總覽》及《國家量子法案》都認為政產學聯盟是推進新興技術市場化、確立競爭前研

究重點和方向、建立規範和標準的重要機制。國家科學技術委員會量子資訊科學分委會還建立了「最終用戶跨部門工作組」（End-User Interagency Working Group），試圖將量子資訊科學技術的開發者與其潛在的早期使用者聯繫起來。該工作組的目標之一是說明其他政府部門瞭解量子資訊科學領域的機會，開發潛在的應用。另外，無論是能源部領導的量子資訊科學中心還是國家科學基金會資助的量子躍遷挑戰研究所都有產業界的合作夥伴，將有利於實現技術商業化。

基礎設施建設上，能源部的量子資訊科學中心和國家科學基金會的量子躍遷挑戰研究所都可以看作是《國家量子法案》對量子資訊科學基礎設施的重大投資。

其中，量子科學中心（QSC），由橡樹嶺國家實驗室領導，合作夥伴包括大學（加州大學伯克利分校、哈佛大學、普林斯頓大學、加州理工學院、華盛頓大學等）、國家實驗室（洛斯·阿拉莫斯實驗室、費米實驗室、太平洋西北國家實驗室）和企業（微軟、IBM等）等共16家機構。該中心致力於克服量子態恢復、量子技術可控性及可擴展性方面面臨的障礙。橡樹嶺國家實驗室的量子研究可追溯到近20年前，在量子計算（Quantum Computing）、量子材料（Quantum Materials）、量子網路（Quantum Networking）和量子傳感（Quantum Sensing）四大領域都形成了自己的核心能力，並取得不少突破，包括創造了量子資訊轉移的紀錄，提高了量子分佈系統覆蓋的範圍，與Google協作展示了量子計算優越性（Quantum Supremacy）等。

維護國家安全和經濟增長方面，美國也很早就認識到量子科技對於未來國家安全和經濟增長的意義，因此在成立國家科學技術委員會量子資訊科學分委會的同時，還在國家科學技術委員會下設立了「量

子科學經濟和安全影響分委員會」（Subcommittee on Economic and Security Implications of Quantum Sciences，ESIX）。該分委會在層級上與國家科學技術委員會量子資訊科學分委會並列，主席由國防部、國家安全局（National Security Agency，NSA）、能源部和白宮科技政策辦公室共同擔當，主要為應對量子資訊科技中涉及經濟和國家安全方面的問題提供論壇。

國際合作上，數家美國機構已經與其國際夥伴共同開展聯合專案。比如，美國和日本於 2019 年 12 月共同簽署了《量子合作東京聲明》（Tokyo Statement on Quantum Cooperation）。

國家科學技術委員會量子資訊科學分委會還和白宮科技政策辦公室與美國國務院相協調，促進量子資訊科學領域國際合作，目前推動的事項主要包括：美國 - 澳大利亞量子產業對話，召集雙方產業界、學術界及政府相關方的代表分享對量子產業競爭力方面的看法，創造有利於提升雙方私營部門合作及公私合作的方式。美英量子工作組對話集合了雙方跨部門利益相關者，探討從基礎研究、市場培育到人才培養的合作。國家標準技術研究院還參與了量子資訊科學技術國際標準的制定。

6.2.2　量子通訊的成就和突破

美國對量子通訊的理論和實驗研究開始較早，並最先被列入到國家戰略、國防和安全的研發計畫。比如，在 1994-2014 年內，美國量子密碼通訊研究就展現出非常活躍的態勢，從實驗室研究到商業開發及產品推出，形成了一條有效的產業鏈。為了在未來的通訊領域中，各國利益集團有良好的競爭基礎，使集團利益最大化，美國的相關機

構或發明人都在為自己搶先申請具有高效的專利權，並且向多個國家及地區申請專利，建構專利保護網，使專利最大範圍地有效涵蓋，以此佔領保密通訊設備的市場。

美國在量子通訊研究機構的專利申請方面具有兩方面的特色，一方面，是研究主要以大學或研究所的實驗室為平台進行研究開發，具有很強的理論基礎，並同步申請專利，數量眾多，如 The John Hopkins University、University of Rochester、The Regents of the University of California、Northwestern University 等大學機構，都擁有自己的在量子密碼方面的專利。

另一方面，是以研究性公司機構為主，主要研製相應量子密碼通訊的方法及相關的通訊產品，以備佔領市場，奪得商機。比如，成立於 1999 年的 MAGIQ 是一家私人控股公司，也是第一個商業化以量子資訊處理為主要經營專案的公司，透過其獨特性融合了科學、商業和工程技術，以具有前瞻性組織尋求透過技術競爭優勢來引領商業化的量子資訊進展，它在量子密碼通訊方面專利包含的技術已涵蓋多方面，部分專利在最近幾年在中國大陸也申請專利。

另一個在量子密碼通訊專利有突出成績的是 BBN Technologies Corp.，該公司在量子金鑰分配在網路私人通訊應用有顯著的貢獻，研製有高可靠性的網路保護的量子密碼系統，部分成果推銷給軍方通訊網路使用。

其它的如 General Dynamics Advanced In for mation System，Inc.Lucent Technologies Inc.、Hewlett-Packard Development Company，L.P.、International Business Machines Corporation、Verizon Corporate Service

Group Inc. 等公司都具有相當的研究開發實力，在專利方面表現不俗，美國不管對量子密碼通訊的基礎研究，還是相關產品的研製開發，其專利申請情況都展現了很強的保護尖端科技的專利意識，以高端科技佔領保密通訊領域。美國的量子通訊領域專利申請機構或申請人，既有合作也有競爭，促使該領域異常活躍。申請機構或申請人之間有著激烈的競爭，同時在研究領域又有密切的合作。

美國申請量子密碼通訊的專利具有專利數多、被引用次數多、專利權者分佈廣、發明人多等特點，在量子密碼通訊專利方面有很強的實力。其量子通訊發展注重技術研發和應用，其中量子密碼通訊技術水平已處在世界前列，用於軍事、國防等領域的國家級保密通訊，還可用於涉及秘密資料、票據的政府、電信、證券、保險、銀行、工商、地稅、財政等領域和部門。如今，量子通訊產業已滲透到美國國家發展的各個層面，包括國防、外交、經濟、訊息、社會等不同領域方面的內容。

同時，美國非常重視量子電腦領域的技術拓展，google、微軟、IBM 都已投入研究量子電腦技術，以量子電腦技術研究為突破點，延伸到物質科學、生命科學、能源科學領域，形成規模優勢。

6.3 | 歐盟：聚焦量子遠端傳態

量子理論本就發源於歐洲，一直以來，歐盟也十分看重量子通訊技術在國家經濟安全等方面的應用潛力，並投入大量資源進行技術研發。

1993 年以來，量子通訊的相關研究逐漸從理論邁向實驗，並向實用化方向發展。歐盟自 1993 年起加大量子通訊領域的研發力度，並在理論和實驗研究上均有突破性進展。研究領域最早聚焦於量子遠端傳態，2012 年實現傳輸距離 10 公里光纖傳輸到 143 公里隱形傳輸的突破。2007-2014 年，歐盟專注於量子密碼通訊和量子密集編碼的研究，實現了量子漫步，進行了地球與太空間的資訊傳輸，使衛星和衛星、衛星和地面站間的量子通訊成為可能。

6.3.1　重點政策的制定與演化

歐盟在量子科技方面的政策規劃起始於 20 世紀 90 年代，自此以後，量子科技就成為了歐盟的重點發展方向。

2016 年 3 月，歐盟委員會發佈《量子宣言（草案）》，計畫於 2018 年啟動總額 10 億歐元的量子技術旗艦專案。歐盟大力支持量子通訊發展，確保歐洲在該研究中處於技術領先地位。歐盟在量子通訊和量子訊息技術研究領域起步較早，量子通訊和量子訊息技術新型研發中的基礎實力儲備充足，而且貫穿到與國家利益、國家安全以及國家對內對外戰略影響相互有關的不同環節。

2017 年，歐盟的量子技術旗艦專案公佈了 5 個主要領域，包括量子電腦、量子模擬、量子傳感與計量學、量子通訊和基礎量子科學，《量子宣言》中提出的建議大多被接納。量子通訊方面的資金，有一筆給予了由 12 家歐洲研究所和公司組成的量子網際網路聯盟，該聯盟致力於研發覆蓋歐洲大陸的「量子隱形傳態」網路；量子電腦的基金撥給了研究超導電路和真空單離子電磁技術的團隊。其他獲批項目的名

稱中也都含有「Q」（Quantum，量子），例如「PhoQuS」（Photons for Quantum Simulation）。

此外，部分擬議中的技術比較接近市場應用，例如超精密、可攜式原子鐘，以及能用於安全網路、晶片大小的亂數產生設備。

2018 年 4 月 19 日，歐盟委員會正式宣佈支持量子宣言計畫，並表示 2020 年之前會在雲端運算領域投入 20 億歐元。在 2018 年 8 月，德國聯邦政府也宣佈了一個量子專案，計畫投入經費 6.5 億歐元。

2018 年 10 月 29 日，歐盟委員會公佈了基金的第一批獲得者——包含企業和公共研究機構的 20 個國際聯合研究組。他們將獲得通過「地平線 2020 計畫」撥出的經費 1.32 億歐元，用於進行為期 3 年的示範專案。

2018 年 10 月至 2021 年 9 月為量子宣言計畫的初始階段（Ramp-up Phase），2021 年以後基金將再資助 130 個專案，覆蓋從基礎研究到產業化的整條價值鏈，並將研究人員與量子技術產業彙集到一起。

2020 年 5 月，旗艦計畫在其官方網站上發佈了一份戰略研究議程報告，表示將在未來三年推動歐洲範圍的量子通訊網路建設，完善和擴展現有數位基礎設施，為未來的「量子網際網路」遠景奠定基礎。

報告提到的短期目標（3 年）包括：基於歐洲量子通訊基礎設施（European Quantum Communications Infrastructure，EuroQCI）端到端安全的考慮，應用案例和商業模型，開發用於城市間和城市內的經濟高效且可擴展的設備和系統；開發可信節點網路的功能，提升光纖、自由空間和衛星鏈路之間的互通性；利用量子密鑰分發（Quantum Key Distribution，QKD）協定和具有可信節點的網路，開發用於全球安全

金鑰分發且基於衛星的量子密碼；與歐洲電信標準化協會（European Telecommunications Standards Institute，ETSI）等歐洲主流標準組織合作開展標準制定工作，制定用於量子亂數發生器 (Quantum Random Number Generator，QRNG) 和 QKD 的認證方法；進一步發展 QKD、QRNG 和量子安全認證系統，為將之用於關鍵基礎設施、物聯網和 5G 做好技術準備；實現歐盟國家間可信節點上的端到端安全通訊。中長期目標（6 ～ 10 年）包括：演示一系列物理距離遙遠（至少 800 公里）的量子中繼器；演示至少 20 個量子位元的量子網路節點；演示設備無關的 QRNG 和 QKD。

目前，歐盟量子通訊產業還處於技術研發中期階段，掌握相當部分產業核心技術，憑藉著新興產業的支配地位，以新技術研發和新產品行銷為發展重點，力爭獲得在技術創新方面的競爭優勢。歐盟各國政府、國防部門、科技界和訊息產業界，將量子通訊納入其國防科技發展戰略，投入大量人力物力，致力於量子通訊的研究，以量子電腦技術研究為瞄靶點，以量子通訊開發在訊息科學領域的推廣為突破口，積極建構和壯大產業鏈及產業群，以形成一定的創新體系與規模優勢，同時延伸到物質科學、生命科學、能源科學領域。

6.3.2 建構量子資訊網路

歐盟自 1993 年就開始加強對量子資訊技術領域的研究和開發，在理論研究和實驗技術上均取得了重大突破，涉及的領域包括量子密碼通訊、量子遠端傳態和量子密集編碼等，早期主要集中在量子遠端傳態，後期開始聚焦於向量子密碼通訊和量子密集編碼發展。

從 1993 年至 2012 年，歐盟量子遠端傳輸距離從 10 公里光纖傳輸發展到 143 公里的隱形傳輸，從 2007 年至 2014 年，歐盟開始致力於量子密碼通訊和量子密集編碼研究，實現了量子漫步、太空和地球之間的訊息傳輸，為衛星之間以及衛星與地面站之間進行量子通訊提供了可能性。

並且，2000 年以來，隨著量子資訊技術實用化的推進，歐盟進一步重視技術及其工程實現。2008 年 10 月，歐盟聯合來自 12 個歐盟國家的 41 個夥伴小組投入 1471 萬歐元，成立了「基於量子密碼學的全球安全通訊網路開發專案」（SECOQC），在奧地利維也納現場展示了一個基於商業網路的安全量子通訊系統。

該系統整合了多種量子密碼手段，包含 6 個節點、8 條點對點量子金鑰分配連線，其組網方式為在每個節點使用多個不同類型量子金鑰分發的收發系統，並利用可信中繼進行聯網，網格拓撲結構中沒有使用光學路由，完全以可信中斷的方式相互連接在一起。網路中的 8 條連線中，有 7 條是光纖通道，最長為 85km，有一條 80m 的自由空間通道。

西班牙研究人員在 2009 年建立了都會量子通訊網路試驗床，包括主網和連接網。該網路整合於現有的光通訊網路中，盡可能多的使用工業級技術，研究在已有網路中部署量子通訊網的流量、限制和成本。該量子網路的骨幹網是一個環形結構，量子通道使用 1550nm 波長，經典通道使用兩個波長，分別為 1510nm 和 1470nm。接入網使用 GPON（Gigabit Passive Optical Network）標準。網路採用 IDQuantique 公司量子金鑰分配系統模組 3000 和模組 3100，通訊使用誘騙態 BB84

協定。通道容忍的損耗為 15dB，在此損耗下，金鑰率只有幾位元每秒。網路在理想條件下（誤碼率為零），受探測器時間影響，速率最高為 100Kb/s。

6.4 | 英國：重視人才培養

英國的國家量子技術計畫 (NQTP) 被認為是世界上第一個以開拓最廣泛的領域為目標的量子技術計畫，該計畫橫跨量子計算、通訊、計時、傳感和成像等領域。如今，該計畫已被世界各地的專注於量子研究的國家所模仿。

6.4.1 四個量子技術中心

2014-2024 年，是 NQTP 第 1 和第 2 階段，英國計畫支出約為 10 億英鎊擁有量子科技的研究。

其中，2014-2019 是 NQTP 第 1 階段，最初，英國建立了四個量子技術中心，重點研究量子計算、量子通訊、量子增強成像和量子計時與傳感。這些中心是在 2014 年由政府投資 2.14 億美元建立的，每個中心都有一所大學，代表著國家專案劃分的廣泛的重點領域。

Quantum Computing and Simulation Hub (QCS) QCS 中心設立在牛津大學，QCS 中心的任務是加速量子計算領域的進展，它的研究涵蓋了整個硬體和軟體堆疊，從核心技術到短期和長期方法的潛在應用。

Quantum Communications Hub 量子通訊中心設立在約克大學，旨在通過開發現有的原型量子安全技術，超越其目前的限制，提供具有商

業化潛力的未來、實用、安全通訊。該中心的重點是依賴於量子金鑰分發或 QKD 的技術應用。

UK Quantum Technology Sensors and Timing Hub 英國量子技術感測器和時間中心設立在伯明罕大學，其目標是開發一系列的量子感測器和測量技術。

The UK Quantum Technology Hub in Quantum Enhanced Imaging QuantIC 設立在格拉斯哥大學，其願景是開創一個多維相機家族，跨越波長、時間尺度、長度尺度。

2019-2024 是 NQTP 第二階段，在第二階段裡，NQTP 計畫將重點和資源轉移到商業主導專案上。畢竟，隨著產品越來越符合市場要求，NQTP 的合作夥伴也希望對將要成型的計畫採取更多控制，以確保能從該計畫提供的協作框架中受益。

其中，作為回報，Innovate UK 利用產業戰略挑戰基金 (ISCF) 發起一系列由公共、私人混合資金支援的專案，以支援不斷發展的量子生態系統的搭建。

Innovate UK 團隊非常重視計畫管理和加強計畫倡議的商業展示。現在，重點研究已經轉移到了量子價值鏈上，對單個量子和疊加的關注也已經轉移到了量子糾纏的可能性上。另外，英國還計畫將量子增強成像作為自己的研究支柱。英國的計畫瞄準了細分市場中的機會，還刺激了潛在的量子光子生態系統，並開發了重要的傳感技術。

英國國家量子計算中心 (NQCC) 是第二階段的另一個主要目標。NQCC 不是設想成為量子計算競賽中的一個直接競爭對手，而是作為一個工具，加快社會效率。當前，物理中心的設計現已完成，後續建

設工作將持續到 2021-2022 年，計畫於 2023 年第一季度交付使用。最初，該中心將超導、離子阱和軟體作為優先研究領域，但該中心的資金是用於對量子領域的投資，而不是特定的量子技術。

此外，產業戰略挑戰基金（ISCF）目前正在資助三個重要量子研究領域中啟動的 40 多個量子專案。通常，每個財團都會聚集來自整個供應鏈的 3-10 個合作夥伴，並提供強大的學術支持。專案通常設置為運行 18-36 個月，預算在 50-1000 萬英鎊之間。這種方法具有一定的靈活性，可以在後續開發補充專案，同時可以支援多種專案類型。

6.4.2 量子計畫的人才教育

人才教育是英國量子計畫的另一個重點。

QTEC 是英國 NQPT 第一階段的一項計畫，為科學家轉變為企業家的過程中提供幫助。「獎金」將為早期從事相關工作的研究人員提供薪水、費用、業務培訓和指導，為他們提供為期一年的創業指導。

現在，QTEC 的早期研究員正在參與諸如 KETS 和 Seeqc 之類的量子領域後起之秀的培訓工作，或者在特定領域的（例如 QLM 或 FluoretiQ）商業化應用方面取得了令人矚目的進展。Nu Quantum 和 Quantum Dice 是最近的兩個知名的初創公司。Fact Based Insight 認為，QTEC 已經取得了顯著的成功。

不過，目前，NQTP 的第二階段尚未為其繼續提供資金。它最初的出資者是英國自然科學基金 (EPSRC)，但是，EPSRC 的核心目標正集中在科學研究和培訓上。同時，InnovateUK 一直在努力發起 ISCF 專案。FactBasedInsight 希望，NQTP 能繼續開展其計畫的第二階段。

NQTP 希望使英國成為量子企業和量子人才的「理想之地」。此前 PsiQ 公司由於在歐洲很難申請到科研基金，故將公司搬到了矽谷。

在 NQTP 的第二階段，英國量子計畫取得了顯著成就。Rigetti 和 Cold Quanta 等美國公司也開始被英國的量子研究環境所吸引。Teledynee2v 和 Hitachi 已將其在英國的子公司用於擴大其在該領域研發的基地。東芝正在英國製造 QKD 設備。可以說，充滿活力的量子研究環境在英國已經初步形成。

6.5 ｜ 日本：基礎研究領先，商業應用落後

日本政府將量子技術視為本國佔據一定優勢的高新科技領域重點發展，重點引導相關尖端技術研發。

6.5.1　引導相關尖端技術研發

2001 年開始，日本先後制定了以新一代量子訊息通訊技術為物件的長期研究戰略和量子訊息通訊技術發展路線圖，計畫透過高強度的研發投入，採取「產官學」聯合攻關的方式推進研究開發，進行量子通訊的關鍵技術，如超高速電腦、光量子傳輸技術和無法破譯的光量子密碼技術攻關和實用化、工程化探索。

日本郵政省把量子資訊確定為 21 世紀的國家戰略項目，專門制訂了跨度 10 年的中長期定向研究目標，提出到 2020 年使保密通訊網路和量子通訊網路技術達到實用化水準，最終建成全國性高速量子通訊網，實現通訊技術應用上的飛躍，在競爭中佔據先機。

2011 年 12 月，日本在學術審議會尖端研究基礎委員會下設「光‧量子束研發作業委員會」。該機構立足於光量子技術的研發現狀與國內外的情況，針對目前課題以及今後推進的戰略政策方針進行研討。2016 年，日本內閣在《第五期科學技術基本計畫（2016-2020）》中，將「光 / 量子技術」定位為創造核心價值的基礎技術之一。2017 年 2 月，日本文部科學省基礎尖端研究會下屬的量子科技委員會發表了《關於量子科學技術的最新推動方向》的中期報告，提出了日本未來在該領域應重點發展的方向。

日本計畫在 2020-2030 年建成絕對安全保密的高速量子通訊網，進而實現通訊技術應用上質的飛躍。日本國家訊息通訊技術研究院計畫在 2020 年實現量子中繼，到 2040 年建成極限容量、無條件安全的廣域光纖與自由空間量子通訊網路。

6.5.2　相關研究發展迅速

儘管日本對量子通訊技術的研究晚於美國和歐盟，但相關研究發展迅速，在國家科技政策和戰略計畫的支持和引導下，日本科研機構的研發積極性高漲，投入了大量研發資本積極參與和承擔了量子通訊技術的研究工作，實際地介入了量子通訊技術的研發和產業化開發，並取得了顯著成績，如 NEC、東芝（Toshiba）、日本國立訊息通訊研究院（NICT）、東京大學、玉川大學、日立（Hitachi）、松下（Panasonic）、NTT、三菱、富士通、佳能、JST 等，各大企業和科研機構在量子通訊領域的專利申請量全球領先，專利品質較高，技術水準突出。

目前，日本在量子通訊領域的研究優勢集中在延長量子通訊傳輸距離、提高訊息傳送速率和改進量子通訊的加密協定等方面。日本公司申請的量子通訊專利的主要特徵表現為：量子通訊的應用技術繁多，特定技術領域的專利佔有率高，海外專利申請意識較強，且相關技術大多可直接應用於通訊產品中，具有很強的實用性和市場推廣潛力。

此外，日本格外注重採用積極的專利保護策略，透過全面申請PCT專利對其持有的量子通訊核心技術進行保護。日本企業將正式啟動計算速度遠遠超過現有電腦的「量子電腦」的研發。NEC目前正在研究開發相當於量子電腦「大腦」的基礎線路，最早將在2023年推向實用化。富士通將在未來3年投入500億日元開發相關技術。

日本企業在基礎研究方面領先一步，但在商用化方面則較為落後。日本政府於2018年度開始強化對大學等機構的研發援助，力爭產官學攜手實現反擊。量子電腦利用電子等物理現象，能夠瞬間處理超級電腦幾千年才能解開的問題。有望產生使人工智慧（AI）的能力飛躍性提升、分析DNA以及選定自動駕駛汽車高效行駛路線等新的價值。

NEC開發的「量子退火（Quantumannealing）」方式，擅長從龐大的選項中匯出最合適答案。該公司目前已著手製作基礎線路，2023年之前投入數十億日元開發實體機。NEC的技術在顯示計算能力的「量子位元」方面達到2000-3000量子位元，能夠迅速選出數百個城市各時間點最合適的交通路線。在量子退火方式方面，領先的加拿大D-Wave系統公司的技術為2000量子位元左右。

NEC表示，「即使是同樣的量子位元數，我們的效能也將更高」。力爭推進產官學合作，10年內將計算能力提高至1萬量子位元。富士

通將在 2020 年度之前投入 500 億日元開發量子電腦相關技術。將向量
子電腦研究活躍的加拿大多倫多大學派遣人員等，推進基礎研究。富
士通還將與開發量子電腦軟體的加拿大 1QBit 公司開展資本合作，開
拓使用相關技術的企業。

在量子電腦領域，D-Wave 和美國 IBM 等公司已投入商用，日本企
業也開始嘗試引用。NEC 等企業在 20 多年前就開始開發量子電腦，但
在實用化方面被海外企業搶先一步。google 等資金實力雄厚的美國企
業正在推進通用性較強的「量子閘（Quantumgate）」方式的開發。美國
IBM 從 2017 年開始透過雲提供相關服務，同時還在開發試製機。為實
現反擊，NTT 從 2017 年 11 月開始免費公開利用光的量子現象的量子
電腦的試製機。今後力爭將量子電腦的效能從目前的 4000 量子位元提
高至 10 萬量子位元。

6.6 中國：挺進第一陣營

為搶佔第二次量子技術革命的制高點，近年來，中國對量子資訊
技術的重視和支援力度也逐漸加大，並且在諸多投入下，獲得了量子
科技的爆發式發展。

6.6.1 政策、資金和人才

基於中國對量子資訊技術的基礎研究、科學實驗、示範應用、網
路建設和產業培育的高度重視，科技部和中科院通過自然科學基金、
「863」計畫、「973」計畫、國家重點研發計畫和戰略先導專項等多項

科技專案，對量子資訊基礎科研應用探索進行支持。發改委領頭組織實施量子保密通訊「京滬幹線」，國家廣域量子保密通訊骨幹網等試點專案和網路建設。工信部組織開展量子保密通訊應用與產業研究，支援和引導量子資訊技術的標準化研究和產學研協同創新。

2018 年 5 月的兩院院士大會上，習總書記強調「以人工智慧、量子資訊、移動通訊、物聯網、區塊鏈為代表的新一代資訊技術加速突破應用」，量子資訊的戰略地位得到進一步肯定。

2020 年 10 月 16 日，中共中央政治局就量子科技研究和應用前景舉行第二十四次集體學習，習近平總書記發表重要演講，為當前和今後一個時期的中國量子科技發展做出重要戰略謀劃和系統佈局。演講充分肯定了中國科技工作者在量子科技領域取得的重大創新成果，也指出未來發展面臨的弱點、風險和挑戰。演講從發展趨勢研判，頂層設計規劃，政策引導支持，人才培養激勵，產學研協同創新等五個方面對中國量子科技發展做出全方位系統性佈局，為把握大趨勢，下好先手棋進一步指明了方向。

同年 11 月 3 日十九屆五中全會發佈的「十四五」規劃建議中，進一步提出瞄準人工智慧、量子資訊、積體電路、生命健康、腦科學、生物育種、空天科技、深地深海等前沿領域，實施一批具有前瞻性、戰略性的國家重大科技專案。和其他的國家相比，中國大陸在量子科學技術研究方面的投入相當之大，根據統計結果，中國大陸的投資數量僅次於美國。

除了政府之外，民間的企業也很注重發展量子科學技術。要知道，在今天這樣的知識經濟時代，技術的領先和創新，意謂著巨大的

經濟利益，甚至能夠搶佔市場佔有率，這方面的例子比比皆是，比如說人們競相購買的 Apple 手機。除此之外，訊息傳輸和電子科學技術的迅速發展和更新換代，也給企業很大的壓力，激烈的市場競爭使得企業更加注重技術的突破和創新，以避免被社會淘汰。在中國，許多科技巨頭們都展現出對量子科學技術的興趣，比如致力於量子計算研究的網際網路公司阿里巴巴以及藉助量子通訊實現 5G 技術突破創新的華為公司。

除了充足的資金保障之外，中國也很注重人才的培養。在量子科學研究方面，很多大學已經具有了比較成熟的團隊和很有聲望的研究人員，比如潘建偉團隊。科學發展報告中，也開始把量子通訊科學的發展提到一個比較重要的高度，並且，也有很多相關的實驗室，方便研究人員進行研究。

6.6.2 「彎道超車」式發展

在諸多投入下，中國的量子科技也獲得了爆發式發展，這甚至被世界認為是「彎道超車」式的發展。

早在 2003 年，中國科學技術大學的潘建偉團隊就提出，利用衛星實現星地間量子通訊、建構覆蓋全球量子保密通訊網的方案。這方案於 2011 年底正式立項，並在 2016 年 8 月 16 日走出里程碑式的一步：中國發射了世界上第一顆量子科學實驗衛星「墨子號」。

值得一提的是，在 2016 年之前，中國在量子科學理論的成果和突破似乎並不是很多，但自從 2016 年「墨子號」這顆世界上第一顆量子衛星的發射，中國在量子科學領域的發展就越來越好，各種突破性的

發明也是越來越多。基於「墨子號」衛星，潘建偉團隊在 2017 年 8 月完成了三大科學實驗任務，這比預想提前了一年多。這標誌著中國率先掌握了星地一體廣域量子通訊網路技術。

2017 年 9 月 29 日，中國開通了世界首條量子保密通訊幹線「京滬幹線」。這條量子通訊保密幹線全長 2000 多公里，連接了北京和上海，貫穿濟南和合肥，共有 32 個量子通訊節點。

不過，雖然量子加密的方式不可破解，但通訊節點卻是可以被攻破的 —— 透過攻擊節點的信源端就可以來盜竊量子密碼。簡單來說，就是用物理手段來攻擊量子通訊所需的設備，而非數學意義上的破解密碼。也就是說，「京滬幹線」在工程層面上，其實是有理論上漏洞的。當然，這種漏洞也可以透過工程手段來解決，比如加強設備安全性。

事實上，利用「墨子號」進行量子通訊，也有安全隱患。基於常規傳輸方式進行資訊傳輸，「墨子號」衛星掌握著使用者分發的全部金鑰，倘若衛星被他方控制，就存在資訊洩漏的風險。不過，潘建偉及其團隊於 2020 年 6 月發表在《自然》雜誌上的一項成果解決了這個問題。

潘建偉團隊利用量子糾纏的特性，只在地面站用戶端對量子進行測量，糾纏源（衛星）不掌握金鑰任何資訊，即使衛星被他方劫持了，金鑰也不會洩漏。在該論文之前，基於衛星糾纏的分發，效率低下、錯誤率高，不足以支援量子金鑰分發。而潘建偉團隊通過對地面站望遠鏡進行特殊設計，升級主光學和後光路，解決了衛星糾纏分發效率低的問題。

最終，他們藉助「墨子號」，在相隔 1120 公里的兩個地面站之間，成功實現基於糾纏的量子金鑰分發。即使在衛星被他方控制的極端情況下，通過物理原理依然能實現安全量子通訊。《自然》雜誌審稿人對這一成果的評價是：「這是建構全球化量子金鑰分發網路、甚至量子網際網路的重要一步。」

「京滬幹線」和「墨子號」，意謂著中國初步建構了天地一體化的廣域量子通訊網路基礎設施。在此基礎上，中國得以推動量子通訊技術的產業化應用。

就「京滬幹線」而言，已經被用於金融、政府和國防等領域的加密資料傳輸。一些網際網路企業，也可通過阿里雲使用雲上量子通訊加密服務。

「墨子號」的產業化難度相對較高，過去配合「墨子號」使用的量子衛星地面站，體積龐大，重達十幾噸，難以產業化應用。而 2019 年 12 月 30 日，中國自主研發的首個小型化可移動量子衛星地面站（重量僅 80 多公斤），與「墨子號」對接成功，實現了量子技術產品化的突破，中國量子通訊有望進入產業化的時代。

在建設「墨子號」和「京滬幹線」專案過程中，潘建偉團隊還通過成果轉化培育了一家商業公司 —— 國盾量子。2017 年起，美國將量子通訊相關的關鍵技術、產品和器件列入出口管制名單，國盾量子希望靠自主研發，保障了專案關鍵元器件的供應。2020 年 7 月，國盾量子作為 A 股「量子通訊第一股」上市，當天收盤價較發行價上漲 10 倍，足見中國資本市場對量子通訊技術的追捧。不過，整體而言量子通訊依然是一種新技術，現階段還處於產品推廣期。

中國量子科學技術的研究成果，給社會和國際上都帶來了很大的震動，人們開始對這個曾經無比神秘的學科感興趣，民間的企業家也自發出資支持量子科學技術的發展，就連地方政府也將量子科學技術和發展區域經濟結合起來。其中，企業家們捐贈了一個億的資金成立墨子量子科技基金會，用於表彰在量子科學技術領域做出突出貢獻的科學家，為量子科學技術的發展貢獻力量。而量子科學技術的蓬勃發展以及它在經濟發展中的作用，使得地方政府越來越重視這一科學技術的應用，並做好了發展規劃，希望區域的經濟發展能夠搭上量子的快車，更好的實現創新發展，比如安徽合肥，在合肥的高新區有許多量子科學技術公司，除了國盾量子外，還誕生了 20 余家量子關聯企業。

6.7 | 國際巨頭，百家爭鳴

6.7.1　Google：率先實現「量子霸權」

Google 關注量子技術現實應用的發展道路，自 2009 年起開始探索量子電腦，2013 年就從加拿大創業公司 D-Wave Systems 採購了一台「全球首台商用的量子電腦」，隨後與 NASA 埃姆斯研究中心基於這台電腦開展研究合作，建立量子人工智慧實驗室（QuAIL），利用 D-Wave 機器探索量子計算在各個領域的應用，包括網路搜尋、語音 / 圖像模式識別、規劃和調度、空中交通管理等。

2013 年全年 Google 在量子計算上花費的研發費用大約是 80 億美元，但是並無明顯突破。2014 年，Google 繼續加大在量子計算上的研

究，宣佈與美國加州大學聖巴巴拉分校專家聯合開發量子計算，並裝備了最新一代量子電腦 D-Wave 2X，建成了 9 量子位元的電腦；為了縮小機器學習與人類智慧之間的鴻溝，以及讓自己在新興的 AI 領域保持領先地位，Google 開始專注開發自己的量子硬體。2015 年，QuAIL 負責人 HartmutNeven 及其團隊發表了一篇論文。根據該論文，初步測試結果表明 D-Wave 量子電腦可以 100 倍於傳統電腦晶片的速度執行某些計算。

2018 年 3 月，Google 量子人工智慧實驗室宣佈開發出新的 72 位元量子處理器 Bristlecone，號稱「為建構大型量子電腦提供了極具說服力的原理證明」。相比 Google 之前最好的 9 位元處理器，新處理器是一個很大的進步。在 2018 年晚些時候，Google 宣佈與 NASA 合作，探索新的量子處理器的應用場景。

2019 年，Google 在三藩市舉辦的 IEEE 國際固態電路會議上展示了一種為量子計算量身定制的電路。該電路可以在冷卻至 1 開氏度以下的低溫外殼裡工作，這為未來擴大量子電腦系統的規模提供了一個關鍵的基礎設備。

同年 9 月，Google 電腦科學家在 NASA 網站上發佈了一篇論文，稱已經利用一台 53 量子位元的量子電腦實現了傳統架構電腦無法完成的任務，即全球最強大的超算 Summit 要花 1 萬年的計算實驗中，Google 的量子電腦只用了 3 分 20 秒。此舉證實了量子電腦性能超越古典電腦，而 Google 研究人員也順勢宣佈，Google 已經實現「量子霸權」。

2020 年 3 月，Google 發佈量子機器學習開源庫 —— Tensor Flow Quantum，為研究人員和開發人員提供使用開源框架和計算能力的途

徑。Google 致力於建造專用的量子硬體和軟體，通過開發量子處理器和新的量子演算法來說明研究人員和開發人員解決近期的理論和實踐問題，從而推進量子計算發展。

2022 年 1 月 14 日，據 Business Insider 報導，Google 母公司 Alphabet 還將把量子科技團隊 Sandbox（「沙盒」）分拆出來，使其成為一家獨立的量子技術公司。據悉，Sandbox 由 Google 聯合創始人謝爾蓋‧布林 (Sergey Brin) 創立，現由傑克‧希達裡 (Jack Hidary) 領導。隨著 Sandbox 拆分出來，新公司的組織架構應該會有所改變。Sandbox 被視為是 Google 旗下一支神秘的量子計算團隊，因為它直到 2020 年才被曝光出來。據瞭解，Sandbox 團隊在 X 大樓工作，成員皆為 Google X 創新實驗室的前員工。該團隊專注於開發量子計算軟體和實驗性量子專案，正如希達裡所說：Sandbox「處於量子物理和人工智慧交叉路口的企業解決方案。」

另外，今年，Google 量子人工智慧團隊還在「懸鈴木」量子電腦上已經完成了 16 個量子位元的化學模擬。這是在量子電腦上進行的最大規模的化學模擬。該團隊提出了一種可擴展的、抗雜訊的量子 - 古典混合演算法，該演算法將特殊用途的量子原語無縫嵌入到精確的量子計算多體方法中，即費米蒙特卡羅 (QMC)。使用多達 16 個量子位元在多達 120 個軌道的化學系統上執行無偏約束 QMC 計算。他們的工作提供了一種計算策略，透過利用最先進的量子資訊工具，有效地消除費米 QMC 方法的偏差。最後在 NISQ 處理器上的 16 量子位元實驗中展示了其性能，產生的電子能量可與最先進的經典量子化學方法相媲美。

6.7.2　Amazon：提供平台服務，建立生態圈

Amazon 提供了全方位的管理服務，透過提供開發環境來探索和設計量子演算法，使用者可以在 Amazon 的模擬器上測試它們，並可在使用者選擇的不同量子硬體技術上運行它們，從而幫助開發量子計算。

作為全球最大的雲端運算提供商，2019 年 12 月，Amazon 正式進軍量子雲端運算，宣佈推出全新的全託管式 Amazon Web Services（AWS）解決方案—Amazon Braket，Braket 可讓開發人員、研究人員和科學家，去探索、評估和實驗測試量子計算。它允許使用者從零開始設計自己的量子演算法，或者從一組預先建構的演算法庫中進行選擇。一旦定義了演算法，Amazon Braket 就會提供一個完全託管的模擬服務來說明排除故障和驗證。

Amazon 量子計算雲端平台後端可連接多種合作廠商量子硬體設備如 IonQ 的離子阱量子設備、Rigetti 的超導量子設備以及 D-Wave 的量子退火設備，為研究人員和開發者提供設計量子演算法的開發環境、測試演算法的模擬環境，和對比三種類型的量子計算設備運行量子演算法的平台。

截至目前，Braket 上已接入的量子電腦硬體包括 D-Wave 量子退火系統、IonQ 離子阱量子電腦、Rigetti 量子處理器、OQC 超導量子電腦、Xanadu 光量子電腦、QuEra 量子電腦等，量子生態建設已然成形。

如今，亞馬遜網路服務還在大舉擴大其量子計畫的影響。

2022 年 6 月，亞馬遜宣佈在波士頓成立量子網路中心 (CQN)，這成為亞馬遜量子計算拼圖中的重要一塊：致力於解決量子網路中的基

本科學和工程挑戰，為量子網路開發新的硬體、軟體和應用程式。新團隊中的相當大一部分人員將安排在美國波士頓地區辦公。

雖然還未有具體產品的資訊公佈，但據 CQN 中心表示，他們將會考量納入一系列量子網路和量子安全產品，包括硬體、軟體、應用程式以及各種量子抗加密產品。AWS 量子網路中心 (CQN) 的研究人員將深入探索量子中繼器和感測器等新技術，以便創建在隱私、安全和計算能力方面獲得進一步提升的全球量子網路。

6.7.3　IBM：早期入局，技術先行

IBM 作為量子計算領域的領軍者之一，投入量子計算的研究已經 30 餘年，持續開展基礎量子資訊科學的研究，不斷探索新的量子演算法。

2016 年，IBM 推出 IBM 6 量子位元原型機，開發了 5 位量子位元的量子電腦供研究者使用，上線了全球首例量子計算雲端平台，2017 年，IBM 又通過其官方博客宣佈基於超導方案實現了 20 位量子位元的量子電腦，並建構了 50 量子位元的量子電腦原理樣機；2019 年 9 月宣佈開發出 53 位元的量子電腦；2020 年 8 月使用其最新的 27 位元處理器實現了 64 量子體積。

IBM 提出「量子體積」作為用於衡量量子電腦性能的專用指標，其影響因素包括量子位元數、測量誤差、設備交叉通訊及設備連接、電路軟體編譯效率等。量子體積越大，量子電腦性能就越強大，能解決的實際問題就越多。

2017 年 IBM 的 Tenerife 設備（5-qubit）已經實現了 4 量子體積；2018 年的 IBM Q 設備（20-qubit），其量子體積是 8；2019 年最新推出的 IBM Q System One（20-qubit），量子體積達到 16。2020 年，IBM 通過使用其最新的 27- 量子位的「獵鷹」（Falcon）處理器，量子電腦的量子體積已經從去年的 32 增加到 64。自 2017 年以來，IBM 每年將量子體積翻了一番。

2021 年，IBM 還推出了 127 量子位處理器，超越了 Google 和中科大，IBM 將發佈的 127 位超導量子處理器命名為「鷹」（Eagle）。此次的「鷹」正是在此前的基礎上進行架構改進，以及採用更先進的 3D 封裝技術實現量子位元數翻番。具體來說，「鷹」的改進包括減少錯誤的量子位元排列設計和減少必要組件的構成等。

並且，IBM 利用新技術將控制佈線置於處理器內的多個實體層上，同時將量子位元保持在一層上，從而使量子位元數顯著增加。量子位元數越多，它可以運行的量子電路就越複雜、越有價值。

IBM 介紹，「鷹」可以將人類可探索問題的複雜度更上一個「level」，比如優化機器學習、為從能源工業到藥物發現過程的各個領域提供新分子和材料建模等等。而目前，127 位的「鷹」也是首個由於規模太大，其性能還無法被傳統電腦進行可靠模擬的量子處理器。

在公佈 127 位「鷹」處理器的同時，IBM 還介紹了他們即將到來的量子系統 Quantum System 2。Quantum System 2 相比一代採用更加模組化的設計（一代於 2019 年推出，是世界上首次量子計算整合系統），引入了新的可擴展的量子位元控制電子器件，以及更高密度的低溫元件和電纜，能夠在一個系統中容納和冷卻更多量子處理器。它

將於 2023 年啟動，到時還能容納後續推出的量子位元數更多的新處理器。

在量子科技不斷獲得突破的同時，商業應用方面，IBM 也致力於建構科研和商用的量子硬體及平台系統，在量子雲端運算領域的研究具有系統化、成熟化的研發營運模式，在硬體和軟體方面形成了相對完善的研發鏈，已逐漸建立日益成熟的量子雲端運算生態。

2019 年 1 月的 CES 上，IBM 發佈全球首台商用量子計算一體機 IBM Q System One，提供了「迄今為止最高的量子體積」，有史以來第一次，使得通用近似超導量子電腦走出了實驗室，使用者可以透過雲端訪問該系統。當時，IBM 表示將重點利用該系統來研究財務資料、物流和風險。

2019 年 6 月，IBM 宣佈與非洲的一些大學建立合作關係。作為合作的一部分，IBM 希望研究人員將 Q System One 應用於多個領域裡的研究，包括藥物研發、採礦、自然資源管理等，並表示 IBM Q 可以幫助用戶發現早期的案例，並為使用者的組織機構配備實用的量子技能，並訪問世界級的專業知識和技術服務，以推進量子計算向落地使用的方向走去。近日，IBM 全球副總裁 Norishige Morimoto 表示，IBM 將在五年內將量子電腦商業化。

目前，IBM 發起的 Q Network 吸引了很多熱情的合作夥伴，頂級大學和全球知名的科技公司都在其中，一同推進基礎量子計算研究，並對現實世界產生影響。他們與實驗、理論和電腦科學領域最優秀的專家們一起工作，探索量子計算領域的新可能性。

6.7.4　Microsoft：技術突破，持續開發

2005 年 Microsoft 開始進入量子計算技術，提出了一種在半導體 - 超導體混合結構中建造拓撲保護量子位元的方法。2011 年 12 月成立 QuArC 小組，該小組致力於為一種可擴展、可容錯的量子電腦設計軟體架構和演算法。2014 年，Microsoft 透露說自己的 Station Q 小組正在研究拓撲量子計算。緊承 QuArC 小組的軟體和演算法工作，Station Q 小組旨在幫助開發一種可擴展、可容錯的通用量子電腦。2016 年宣佈計畫斥巨額資源開發量子電腦的原型產品。

Microsoft 也在量子軟體發展和軟體社群營運方面進行了大力的推動，Microsoft 首推全新的量子程式設計語言 Q#，建設一套獨立且能夠更好適配量子計算的程式設計模式，希望給開發人員提供更好的量子計算開發工具。

初期圍繞 QDK 開展量子生態建設，引導用戶使用 Q#。在 2017 年底，Microsoft 宣佈推出量子開發套件，開發人員可以利用該套件為量子電腦編寫應用程式。在 2019 年 2 月，Microsoft 推出「Microsoft 量子網路」，該網路彙集了眾多致力於開發量子應用和硬體的機構和個人。2019 年 5 月，Microsoft 表示其量子開發套件的下載次數達到 100000 次。2019 年 7 月，Microsoft 正式開源 QDK，它擁有所有使用者需要的工具和資源來開始學習和建構量子解決方案，為用戶提供更加全面的開發環境。

Microsoft 是為數不多在建構未來革命性拓撲量子位元基礎上的量子系統公司，AzureQuantum 雲端平台推出後聯合其他量子企業進一步為全行業使用者提供量子硬體服務。2019 年 11 月，Microsoft 推出量

子雲生態服務 —— Azure Quantum，為開發者和客戶提供預先建構的解決方案以及軟體和量子硬體，Azure Quantum 是世界上第一個完整的、開放的雲生態系統。

6.7.5　騰訊：落地產業，計算上雲

　　儘管中國科技公司相比美國進入量子計算領域時間較晚，但近年來行業領軍公司和科研院所也開始陸續在量子計算領域進行佈局。

　　騰訊於 2017 年進軍量子計算領域，提出用「ABC2.0」技術佈局（AI、RoBotics、Quantum Computing），即利用人工智慧、機器人和量子計算，建構面向未來的基礎設施，探索推動以技術服務 B 端實體產業。2018 年，騰訊也成立了騰訊量子實驗室，並邀請香港中文大學量子計算科學家張勝譽作為實驗室負責人。

　　騰訊研究量子計算基礎理論，搭建量子系統研發平台，探索相關產業落地。量子計算基礎理論具體研發方向中包括量子組合演算法、量子 AI、量子系統模擬，及在藥物材料等領域的應用。在量子組合演算法方向上的結果包括發現大圖連通性及找連接子圖這樣的基礎核心問題的指數加速演算法，在量子 AI 理論上的結果包括研發了對一般性神經網路的第一個可證明的量子平方加速演算法。在化學應用上的結果包括有效預測有機發光材料的吸光特性。

　　一方面，騰訊也在探索將量子計算的技術運用到企業發展中，以及在商業應用中找到可結合的場景，讓量子計算實實在在地促進產業發展。目前騰訊量子實驗室的技術研究和落地探索在化學和藥物研發方面已經取得一些階段性成果，比如在小分子藥物發現流程中引入量

子 +AI 模型，用量子性質的計算和判別、生成與強化學習的機器學習模型，將學術界和傳統製藥企業有效連接，説明傳統藥物研發流程升級，提高藥物研發效率。

另一方面，騰訊對生態夥伴的姿態也更加開放，騰訊量子實驗室將於 2021 年發佈彈性第一性原理雲端運算平台，一方面將多種軟體工具集中部署在雲端，結合自研的視覺化輸出功能，提供高效的一站式服務，另一方面調整雲端系統，使雲端服務（Cloud Service）更貼近科學計算的使用習慣和場景。未來雲端平台將部署分子藥物性質、活性、量子系統模擬以及相關 AI 模型開發等更多模組。推動演算法傳播，促進科研合作，建立雲端的量子科技生態。

2022 年 1 月，騰訊公佈了自己在量子上的最新研究，首次實現量子開放系統的絕熱演化捷徑。與阿里不同，騰訊實驗室在騰訊雲上研發計算化學軟體和平台，建立量子化學及製藥、材料、能源等相關領域的生態系統。

6.7.6　華為：紮根基礎，賦能開發

華為於 2012 年起開始從事量子計算的研究，量子計算作為華為中央研究院資料中心實驗室的重要研究領域，研究方向包括了量子計算軟體，量子演算法與應用等。

在 HUAWEI CONNECT 2018 大會上，華為首次發佈其量子計算模擬器 HiQ 雲服務平台，搭載量子線路模擬器和基於模擬器開發的量子程式設計框架，其中 HiQ 量子計算模擬器包括提供 42 量子位元模擬服務的全振幅模擬器和提供 169 量子位元模擬服務的單振幅模擬器，

同時新增一個模擬數十萬量子位元電路的量子糾錯模擬器，這是業界第一次在雲服務中添加此功能。HiQ 量子程式設計框架支援 10 餘演算法，相容開源框架 ProjectQ 的同時，新增兩個圖形化使用者介面量子電路編排 GUI（Graphical User Interface）與混合編排 BlockUI（Block User Interface），使古典 - 量子混合程式設計更加簡單和直觀。

在 HUAWEI CONNECT 2019 上，華為發佈了 HiQ 2.0 量子計算軟體解決方案，推出業界首個一站式量子化學應用雲服務及對應的套裝軟體 HiQ Fermion，新增雲端脈衝優化設計服務及對應的 HiQ Pulse 套裝軟體和量子晶片調控模組 HiQ Pulse，大幅提升了量子計算模擬器的性能，優化量子演算法和脈衝庫，拓展了量子計算程式設計框架的多個功能，建構了業界領先的量子計算程式設計框架和模擬器雲服務。與 1.0 相比，2.0 更加的「專業化」，主要佈局量子化學和量子調控，說明量子開發者在藥物、材料等相關領域取得突破。

在 HUAWEI CONNECT 2020 上，華為發佈 HiQ 3.0 量子計算模擬器及開發者工具，新增兩個核心模組：量子組合優化求解器 HiQ Optimizer 和張量網路計算加速器 HiQ Tensor，完善了 HiQ 系統功能，適配多個應用場景。

作為華為在量子計算基礎研究層面邁出的堅實一步，雲服務平台基於華為雲提供的計算、網路、儲存、安全等資源服務，賦能科研和教育，實現了在普通的電腦上進行量子計算，為開發者提供良好的程式設計體驗，推進合作夥伴在量子計算領域的探索和產業應用。

6.7.7　阿里巴巴：下先手棋，持續加碼

　　阿里的量子計算路線一方面建立實驗室進行以硬體為核心的全棧式研發，另一方面是建構生態，與產業鏈的上中下游的合作夥伴探索落地應用。

　　早在 2015 年 7 月，阿里雲就聯合中國科學院在上海成立「中國科學院 - 阿里巴巴量子計算實驗室」。該實驗室結合了阿里雲在古典計算演算法、架構和雲端運算方面的技術優勢，以及中科院在量子計算和模擬、量子人工智慧等方面的優勢，致力於研究量子計算在各個領域的應用，如人工智慧、電子商務和資料中心的安全性。

　　2017 年 3 月，阿里雲公佈了全球首個雲上量子加密通訊案例。5 月，阿里宣佈造出第一台光量子電腦，實現了 10 量子位元。同年，阿里巴巴的達摩院就成立了量子實驗室，邀請北大電腦本科、普林斯頓電腦博士，密西根大學安娜堡分校教授施堯耘加入，擔任阿里雲量子技術首席科學家，負責組建並負責阿里雲量子計算實驗室。

　　2018 年 2 月，中科院宣佈聯合阿里雲打造 11 量子位元超導量子計算的雲端平台，成為輔助演算法和硬體設計的有力工具。5 月，實驗室研製的量子電路模擬器「太章」在全球率先成功模擬了 81 位元 40 層的作為基準的隨機量子電路，此前同樣層數的模擬器只能處理 49 量子位元。2019 年 9 月，量子實驗室完成了第一個可控的量子位元的研發工作，該位元的設計、製備和測量全部是自主完成，這表明達摩院在超導量子晶片的研發上已經具備了全鏈路的能力。

　　阿里是中國第一個參與量子計算的科技企業，對量子計算越來越重視，達摩院將量子計算評選為 2020 年十大科技趨勢。2020 年 3 月，

阿里巴巴達摩院開啟南湖專案，總投資約 200 億元，主要研究方向包括量子計算。6 月，阿里創新研究計畫 AIR 首次將量子計畫列入其中。

2022 年 3 月，阿里巴巴參加全球物理年會分享了自己的最新量子成果：成功設計並製造出兩位元量子晶片，操控精度超越 99.72%，取得此類位元全球最佳水平。

6.7.8　百度：搭建平台，建構生態

百度在 2018 年 3 月宣佈成立量子計算研究所，結合公司自身強大的基礎技術能力以及雲端運算等核心業務，邀請悉尼科技大學量子軟體和資訊中心創辦主任段潤堯擔任所長。重點研究量子演算法、量子 AI 應用以及量子架構，開發量子計算平台並通過靈活高效的量子硬體介面與不同量子硬體系統進行對接，最終以雲端運算的方式輸出量子計算的能力。

此外，百度也將大力建構可持續發展的量子計算生態系統，為與學界和產業界賦能，助力開展量子計算軟體和資訊技術應用業務研究。

2019 年，百度發佈雲上量子脈衝系統「量脈」（Quanlse），作為連接量子軟硬體的橋樑，適用於核磁共振量子計算、超導量子計算等平台的量子邏輯閘脈衝快速產生及優化。2020 年 5 月，百度飛槳發佈量子機器學習開發工具「量槳」（Paddle Quantum），使百度飛槳成為了中國首個、也是目前唯一支持量子機器學習的深度學習平台。

2020 年 9 月，百度研究院量子計算研究所推出中國首個雲原生量子計算平台「量易伏」（QuantumLeaf），可用於程式設計、模擬和運行量子電腦，為量子基礎設施服務提供量子計算環境，與「量脈」和

「量樂」共同形成百度量子平台的主體，提供連接頂層解決方案和底層硬體基礎所需的大量軟體工具及介面。百度量子平台願景是「人人皆可量子」，說明每一個使用者建立作業系統，推動量子計算的發展，賦能科研、教育、工業和人工智慧行業。

Note

7

CHAPTER

蓄勢待發：
迎接量子革命

7.1 超越想像的量子革命

從普朗克提出「量子」概念算起，迄今，量子科學已經走過了百年有餘。量子科學的發展歷史波瀾壯闊，常常被劃分為兩個階段：「第一次量子科技革命」和「第二次量子科技革命」。今天，我們正在經歷的，就是第二次量子科技革命。而放眼更久遠的未來，第二次量子科技革命所取得的突破或許還將超越人類的想像，帶領人類走向不曾夢想的遠方。

7.1.1 物理學的四次革命

物理學發展至今，已經經歷了多次理論的顛覆和實踐的革新。而每一次物理革命都給我們帶來了全新的技術和嶄新的世界觀。

第一次物理學革命是牛頓的力學革命。牛頓統一了兩個似乎毫不相關的自然現象：夜空中行星的位移和地面上蘋果的墜落。他用萬有引力和力學理論統一地解釋了這兩個很不同的現象。更重要的是，牛頓提出了一個世界觀來理解萬物：所有物質都是由粒子組成的，而這些粒子的運動滿足牛頓方程。這使得牛頓力學成為理解萬物的普適理論，開啟了一個浩浩蕩蕩的古典力學時代。

第二次物理革命是馬克士威的電磁革命。在這一時期，馬克士威成功地將電、磁和光這三個看似不相關的物理現象進行了統一。馬克士威首先提出了馬克士威方程，這一方程集完美地描述了電場和磁場的行為，實現了電磁現象的統一。進一步研究中，馬克士威發現，馬克士威方程的波動解 —— 電磁波的波速 —— 和當時測的光速差不

多。於是，馬克士威又提出電磁波就是光，把電、磁和光都統一了。第二次物理革命更加本質的地方在於發現了一種新的物質形態：波形態物質。

第三次物理革命是愛因斯坦的相對論革命。愛因斯坦指出，引力作用其實來源於時空的扭曲。在更深的層次上，相對論革命發現了第二種形態物質 —— 引力波。引力波被認為是時空扭曲的波動。

第四次物理革命就是量子革命。可以說，量子革命是物理史上非常深刻的革命，但它不是一個人搞出來的，而是一大群物理學家的共同成果。1927 年，第五屆索爾維會議（Conseils Solvay）在布魯塞爾舉行，29 名來自世界各地的頂尖科學家，包括尼爾斯·波耳（Niels Bohr，1885—1962 年）、阿諾德·索末菲（Arnold Sommerfeld，1868—1951 年）、沃爾夫岡·包立（Wolfgang Pauli，1900—1958 年）、阿爾伯特·愛因斯坦（Albert Einstein，1879—1955 年）等老一代科學家以及以海森堡、狄拉克、薛丁格為代表的新生代科學家齊聚一堂。在這次會議上，他們的理論相互碰撞，深刻影響了之後半個多世紀量子力學的演變和發展。其中，以薛丁格為代表的「波動力學」，以海森堡為代表的「矩陣力學」和「不確定原理」，以及狄拉克的「狄拉克方程」和「量子輻射理論」，為量子力學的發展提供了重要的理論支援。

量子革命顛覆了許多人類以往的認識。根據量子力學的原理，世界本身就是一場碰運氣的遊戲，宇宙中所有的物質都是由原子和亞原子組成，而掌控原子和亞原子的是可能性而不是必然性，在本質上，量子力學這種理論認為，自然是建立在偶然性的基礎上，顯然，這與我們人的直觀感覺相悖。不僅如此，量子力學還有很多反常識的東

西，比如既死又活的貓、超光速的量子糾纏、穿牆術一樣的量子穿隧等等。

雖然聽起來，量子力學實在是離奇又荒謬，但量子力學確實是實打實基於客觀現象發展起來的一套理論，而且實驗的精度和理論預測的準確度都非常高，甚至可以說是目前所有科學理論中最準確的。費曼曾經舉過的一個例子，對於電子的反常磁矩，基於量子電動力學純理論計算的結果，和真實實驗測量的結果，其誤差程度相當於是從美國東海岸的紐約到西海岸的洛杉磯之間，僅僅差了一根頭髮絲，這足以見得量子力學是一套多麼精確的理論。

7.1.2　第二次量子革命已經到來

量子力學的發展歷史波瀾壯闊，常常被劃分為兩個階段：「第一次量子科技革命」和「第二次量子科技革命」。

「第一次量子科技革命」始於 20 世紀初，彼時，物理學家們面臨著一些古典物理理論無法解釋的現象，比如黑體輻射。因為古典物理學無法解釋的黑體輻射問題，普朗克創造性地提出了「量子」概念，認為從黑體中輻射出來的電磁波不能是連續發出的，而是一份一份發出的，每一份就被普朗克稱為一個「量子」。普朗克的量子概念打破了古典物理學認為物理量可連續取值的基本假設，首次提出能量分立的設想，也推開了量子世界的大門。

在普朗克提出能量不是連續的，而是一份一份的，每一份的能量又和頻率有關的基礎上，愛因斯坦假設，既然能量不是連續，電磁波是一種能量，光又是一種電磁波，那麼光或許也不是連續的，這就是

「光量子」假說。愛因斯坦的光量子假說，解決了光電效應問題，也進一步奠定了量子理論的基礎。儘管在量子力學的發展史上，愛因斯坦的光電效應成為科學家探索量子世界的重要一步，但在愛因斯坦的後半生裡，卻一直以反對量子力學的形象出現的。

第一次量子科技革命在 20 世紀八九十年代結束。在第一次量子科技革命期間，物理學家們完成了量子力學理論框架的建構，描述了量子力學的基本特徵，這些量子理論也給人類帶來了許多技術革新，核能、電晶體、雷射、核磁共振、高溫超導材料、巨磁阻效應等發現和發明都和它有關。可以說，量子力學是現代資訊技術的硬體基礎，數學則是軟體基礎，數學和物理結合在一起，奠定了整個現代資訊技術的基礎。

其實，從日常使用的一部手機裡，我們就可以看到很多與量子力學相關的基礎研究成果，比如半導體器件、積體電路等。正是有了半導體，才有現代意義上的通用電腦；然後在龐大的資料往全世界傳遞的過程中，網際網路誕生了；為了檢驗相對論，人們利用量子力學造出了精確的原子鐘，在原子鐘的幫助下，我們可以進行全球衛星導航定位。可以說，第一次量子革命直接催生了現代資訊技術。

不過，第一次量子科技革命並不徹底。原因在於兩方面，一方面，第一量子科技革命本質上只是一場量子物質革命，只涉及對原子、電子和光子的操作式應用，並沒有全面利用量子理論的規律，比如量子疊加態、量子糾纏等。另一方面，第一次量子科技革命遺留下了很多基礎性問題沒有解決，包括測量問題，即觀測者在測量中的地位問題；微觀和宏觀的分界問題，即古典和量子的界限在哪裡？量子糾纏問題，即如何理解量子非定域性的本質問題？諸如此類的基礎性問題讓量子理論仍然存在許多困惑。

在這樣的基礎上，人類社會迎來了第二次量子科技革命。如果說第一次量子革命是人類對量子規律的被動觀測和應用，那麼第二次量子革命就是人類對量子狀態的主動調控和操縱，目前主要發展的應用領域就是量子資訊技術，而量子資訊技術最主要的三大領域，就是量子計算、量子通訊和量子精密測量。相比於傳統的資訊技術，量子資訊技術在原理、內涵、價值等方面都有了顯著的提升。

具體來看，第二次量子革命實現了對量子客體直接操控，並充分利用了量子力學的根本性規律。要知道，在第一次量子革命中誕生的雷射、半導體等一系列技術仍然遵從古典物理學，這些器件僅在一些特定情況下涉及量子力學規律對於電子和光子等基本粒子的應用，不僅無法實現對單個粒子的直接操控，也沒有涉及量子糾纏、非定域性和不可克隆性等量子基礎特性。可以說，過去基於量子力學原理的技術僅提供了相較於古典框架內極大幅度的技術性能提升，而第二次量子科技革命中誕生的量子電腦等技術，卻完全是基於量子原理。

並且，與過去相比，人類不再是量子世界的被動觀察者，而是可以設計、操作、傳輸、干預到量子態，實現通過對量子世界操控而改變人類的生活。過去，人類憑藉量子力學的規律能夠很好地理解和解釋微觀世界，如可以解釋元素週期表，但不能主動設計人造原子；可以解釋金屬和半導體的行為，但對操縱它們的行為卻無能為力。

而隨著第二次量子革命的發展，人類正在積極地運用量子力學來改變物理世界的量子面貌。比如，我們可以主動設計並製造新的人造原子，使之具有預先選擇的電子和光學特性；還可以創造自然界中不存在的量子相干或糾纏物質和能量的狀態，這些新的人造量子態具有

新的靈敏度和非定域等相關特性，在電腦、通訊系統、感測器和緊湊型計量裝置的發展中有廣泛的應用。

可以說，量子革命發展到今天，已經經歷了漫長的理論準備，擁有巨大的技術潛力，儘管我們目前還無法預知第二次量子革命能夠帶來的全部應用，但在第二次量子革命的初期階段，量子通訊和量子計算領域的突破性成就已展現出量子資訊技術的重大價值，以及廣闊的應用前景。

隨著第二次量子革命的深入，量子技術還將迸發出改變人類現有的生產和生活方式，甚至影響世界格局的力量。想像一下，當量子科技的發展與區塊鏈、大數據、雲端運算、人工智慧、加密貨幣以及智慧製造和物聯網實現緊密結合後，量子計算就將加速人工智慧的發展，並將促進深度學習和神經網路的研究，量子技術所實現的複雜分子模擬，很可能改變人類未來的走向。

人類已經進入量子力學和量子技術與每個人息息相關的時代。未來，全球傳統產業的數位化轉型將納入量子化因素。一個以量子計算、量子通訊和量子網路為核心的量子產業體系和產業生態正在悄然形成。

7.2 | **世界觀的重塑**

量子革命既是顛覆性的科技革命，也是深刻的思想革命。

事實上，自從量子力學誕生開始，關於量子力學理論的各種質疑就從未停止過，不過就算是在這樣的情況下，量子力學仍舊蓬勃發展，一個個新的規律被逐漸發現和證實，人們也掌握了越來越多關於

量子力學的知識。隨著量子力學的理論研究逐漸深入，人們除了對量子科學的內容越來越熟悉，也越來越有興趣外，在探索量子力學的相關知識的過程中，人們也常常會發現，量子力學這門學科涉及到的內容不僅涵蓋了物理學的範疇，更為我們帶來了一場世界觀的重塑。

7.2.1 消失的因果

關於量子科學所引發的哲思，相關的內容有很多，雖然理論不同，但是歸根結底，都來源於量子世界和宏觀世界的根本的不同。

在量子科學之前，我們對於因果的判斷很簡單，有原因就有結果，一定的原因和一定的結果相互照應。打個比方，就像是我們從公司到家裡只有唯一的路可選一樣，我只要在這條路上耐心等待，就一定能夠遇見你。這種因果之間確定不移的關係，曾經給我們帶來很大的便利，我們可以由已經知道的結果去分析原因，進而解決問題，同樣的，我們如果想要得到某個結果，只需要按照原因的要求去做就可以了。再比如，體重太重，是因為吃得太多，如果想要變瘦，就吃得少一點。可是量子科學卻並不是這麼認為的，量子世界講求機率，在量子科學的世界裡，沒有什麼是確定的，用於描述事物的僅僅是機率。

在宏觀的世界裡，從家到學校的路只有一條，我只要在這條路上等待，就一定可以遇見你，而在量子科學的世界裡，從家到學校的路有好多條，我找個地方等待，能不能遇見你就說不準了，因為我只能得到你從這裡經過的機率。在量子科學之前，我們關於因果的判斷是確定的，可自從有了量子科學，世界變得不再確定了。

　　量子科學在哲學上引起的思考不僅僅是因果的不確定，它還為一些看起來很是玄妙的內容提供了依據，比如心電感應。在量子糾纏的理論下，只要兩個粒子處於糾纏的狀態，那麼不論相距多麼遙遠，只要一個粒子發生改變，另一個粒子也會發生相應的改變，因此我們就可以透過一個粒子的變化去控制另一個粒子的變化。也就是說，就算距離再怎麼遙遠，兩個粒子也會保持某種確定的關係。

　　量子糾纏的原理意謂著，確實會存在某種力量使得兩個距離很遠的物體做出一致的反應，也可以使得一個人因為另一個人的行為做出一定的事情，就像人們常說的心電感應一樣。心電感應這個詞，很早就有了，雖然關於它的各種解釋都有些牽強，可是我們仍舊可以找到很多近似可以說是心電感應的時刻，也正是因為這樣，雖然有一部分人懷疑心電感應的存在，但是仍舊有人對這種現象很感興趣。而量子科學的量子糾纏理論則給這種玄妙的現象提供了一個可能的解釋，這在哲學角度也引起了人們很多的思考。

　　此外，在時空觀念方面，古典的時空觀念和量子世界的時空觀念也發生了碰撞。古典的時空觀念中，任何事件，都在空間裡有個一定的位置，都發生在時間裡某個特定的時刻。其中，第一次真正定義時間的是玻爾茲曼，玻爾茲曼用熵解釋了熱力學第二定律。玻爾茲曼定義熵為體系的混亂程度，並且熵只能增大，不能減小，而且熵最小值為零，不可能為負值。根據熱力學定律，所有獨立系統的熵會自發地增長，這就給時間加上了「方向的箭頭」。簡言之，時間是線性的。

　　而按照量子世界的理論，時間，實際上是人定義的維度單位，不一定真實的存在。所以，用時間去解釋一切肯定會出現無法解釋的情

況。比如，量子糾纏就是一個用時間和空間概念無法解釋的事情。當兩個粒子處於糾纏態的時候將他們分開，一個放到地球上，一個放到銀河系以外。按照人的認知，理論上兩個粒子距離非常遠，按照光速的限制，傳遞資訊再快也不可能同步發生變化。

但這時候地球上的粒子運動方向發生了改變，遠在銀河系外的另一個粒子卻同步發生相反的變化，時間和空間的物理限制在量子世界並不存在。

那麼，假設時間、空間真的不存在，整個宇宙就是一個整體，於是兩個粒子之間的距離只是人產生的認知，實際上他們還是處在一個整體中，還是糾纏在一起並沒有分開。這樣他們之間的資訊傳遞或感應就可以實現暫態同步。這就像照鏡子一樣，「鏡子中的自己」就是與「物理世界的自己」糾纏的一個像。這個像的運動是同步且相反的，這兩個像之間並不需要資訊傳遞就可以同步，因為他們就是同一個實體的兩個像而已。而用鏡子去照鏡子，理想狀態下就出現了無限大的空間，甚至比宇宙還大。

如果我們存在的這個宇宙是一個實體宇宙在鏡子中的像，那麼時間和距離就都沒有意義了，兩個鏡像（糾纏）中的物體運動就是同步的且相反的，而且所謂的距離並不存在，更不需要資訊的通訊。這就是量子理論帶來的全新的時空觀。

但我們目前暫時無法理解這個新的時空觀，因為我們人類對空間和時間的度量，是站在人這個實體的角度。我們所說的宏觀物理世界和微觀物理世界，也是基於人的大小作為參考。但這個世界並不是由人組成的。組成這個世界的是所謂的微觀粒子。只有更完美的解釋微

觀世界的物理規律，才可能從根本上解讀整個宇宙的運行邏輯。這也就是量子規律研究的價值。

量子世界為人們帶來思考的內容涉及的領域不一，人們的觀點也不一致，不過，正是在這些討論和思考的過程中，人們一點點撥開迷霧，看到一個更加精彩和清晰的世界。

7.2.2　發展量子思維

量子理論的發展，讓我們看到了這個世界的另一面。在這個過程中，一種新的科學世界觀和思維方式也隨之誕生，那就是量子思維。

區別於傳統的古典物理學的思維方式，量子思維是一種整體思維。事實上，古典物理學對於人類社會最重要思想貢獻之一，就是讓人類學會用模組化方式分解複雜的事物。古典物理學認為整體等於個體之和，世界萬物是彼此獨立，由不同的個體組成的。我們可以把世界拆掉，也可以重新組裝起來。

因此，在工業上，我們要把製造一件商品的複雜流程拆分成若干個極度簡單的工序，然後再用機械去完成那些被拆分出來的、簡單的、標準化的工序，當然，這使得生產效率大幅提升。於是，人類在工業革命之後幾百年創造的財富比以往幾千年累積起來的還多得多。在農業上，我們可以拆分植物生長的要素，再對這些植物生長所需要的元素進一步加工，比如，在水裡加入各種化學成分，定向殺蟲和除草。不僅如此，隨著人類「拆分」能力的不斷進步，現在，人類學會了把種子拆分成無數個「基因」，於是就有了抗病蟲害的棉花、有了富含蛋白質並且還高產的大豆。

在古典力學的世界，凡事都是可以拆分、可以測量的，但量子力學的世界卻完全不是。量子理論認為世界不包含任何一種獨立的、固定的東西，整個宇宙由相互作用、互相疊加的動態能量模式組成，在一個「連續的整體性模式」中縱橫交錯地互相「干擾」。整個世界相互之間是緊密關聯的，應該從整體著眼看待世界，整體產生並決定了部分，同時部分也包含了整體的資訊。

從量子理論的視角理解農業，農作生態下的萬物就是一個圓形的整體，相生相剋。用牛頓思維簡單來看，蟲克作物，蟲子多了，作物就長不好。所以，要讓作物長得更好，直接、快速的辦法就是殺蟲。但這與五行中水克火的邏輯一樣，如果沒有火，則沒有土，沒有土則沒有金，沒有金則沒有水，表面看是相克，其實相生。

實際上，對於整體性「萬物一體」的觀念，儒釋道中也有論及。儒家中，孔子「一以貫之」，王陽明的弟子錢德洪說王陽明為「萬物一體」的思想奔走一生，至死才停下腳步。「萬物一體」貫穿於「心即理」、「知行合一」、「致良知」中。「仁者與天地萬物為一體，使有一物失所，便是吾仁有未盡處」「夫人者，天地之心；天地萬物，本吾一體者也。」「萬物一體」是王陽明晚年講學的中心論題之一。在《答顧東橋書》等書信中，王陽明對這一論旨作了反覆闡述。

老子《道德經》「是以聖人抱一為天下式」「昔之得一者：天得一以清，地得一以寧；神得一以靈，穀得一以盈；萬物得一以生，侯王得一以為天下正，其致也。」「道生一，一生二，二生三，三生萬物。萬物負陰而抱陽，沖氣以為和。」等都是對「萬物一體」的表述。

佛陀的《金剛經》「若世界實有者，則是一合相。如來說一合相，即非一合相，是名一合相。」《楞嚴經》「自心取自心，非幻成幻法，不取無非幻，非幻尚不生，幻法雲何立，是名妙蓮華，金剛王寶覺，如幻三摩提。」大概意思是：我們是用覺知心去關照六塵萬法，其實，覺知心和六塵萬法都是一個自心所現，本來這都是一真法界的一部分，現在就變成了幻法，人們不知道這個是幻，落入取相分別。而一旦你契入一真法界，整個打成一片，萬物一體，包括你自己在內，沒有一切的相名分別，這是一種沒有境界的智慧見地。

而《心經》中的「色即是空空即是色」，這或許是目前對於量子這種超越傳統古典物理學概念的最恰當理解。

英國物理學家大衛‧玻姆在對後現代科學和後現代世界的論述時也表示「相對論和量子物理學儘管在許多方面存在分歧，但在完整的整體這方面卻是一致的」。

此外，量子思維還具有多樣性，量子理論認為世界是「複數」的，存在多樣性、多種選擇性，因此，在觀察和解釋世界及其事物時，不是「非此即彼」，而是「相容並包」。多樣性意謂著在我們做出任何決定之前，選擇是無限的和變化的，直到我們最終選擇了，其他所有的可能性才崩塌。它還反映出量子系統是非線性的，常處於混沌狀態，量子系統通過量子躍遷發展進化，混沌狀態會因一個微小的輸入而被強烈干擾，「蝴蝶效應」就是典型代表。

最後，量子思維還具有不確定性。古典物理認為，生物進化是按照某一種定律發展演變的，世界萬物發展變化都是可以預測的。而量子物理卻恰恰相反，量子系統無論是所處的環境還是系統內部都存在

「不確定性」，海森堡不確定性原理表示：「我們無法同時研究粒子的位置和動量，每次只能二者取一。」這包含了兩方面內容，一方面，當我們關注事物的局部時，我們已經將局部從整體中剝離出來，同時選擇性地拋棄了其他可能性，即在任何情況下，我們所提出的問題都決定了我們最終的答案，而得不到其他的答案，因為每當通過提問、測量、聚焦等發生介入量子系統時，我們僅選取了該系統的一個方面進行研究，排除了其他的因素和可能性。另一方面，我們每次介入量子系統時，都會給系統帶去改變。在不確定原理下，生物進化可以被理解是無數種隨機最終形成的結果，是無數巧合讓無機物變成了細胞，變成了有機物，也是巧合讓猿猴變成了人，世界萬物變化是隨機不可預測的。

這也就意謂著，我們不僅需要傳統的思維方式，而同時還需要用量子思維方式來認識世界。可以說，量子思維方式是一種根本區分於古典物理，一種更綜合也更靈活的思考方式。

曾經，量子力學是離我們足夠遙遠的科學，一個世紀以前，我們所理解的物理世界是經驗性的；20 世紀，量子力學給我們提供了一個物質和場的理論，它改變了我們的世界；展望 21 世紀，量子力學將繼續為所有的科學提供基本的觀念和重要的工具。

如今，我們已經站在了量子時代的起點。在這個世界處於浪潮迭起的風口的階段時，量子科技的迅猛發展不斷改變著人們的日常生活，科技和追求完美的思潮漸成時尚，量子科技也不再是描述小眾群體的名片，而成為一種富有激情和不斷革新的意識形態。無論結果何如，從科學的黎明時期就開始的對自然的終極理解之夢將繼續成為新

知識的推動力。在未來，量子科技還將帶領我們跨越局限的力量，從而走向寬廣的遠方。

不論如何，我們今天已經看到了量子科技的一絲模樣，科學們也整在努力的通過實證的方法找到量子科技的畫像，並努力藉助於古典物理來固化，或者說讓量子科技變得具有工業的可複製性與可控制性。或許在這個過程中，我們所掌握的量子科技並不一定是真正意義上的量子科技，或許是超越傳統古典物理的一種接近於量子科技的技術形態。但不論如何，這種超越當前古典物理的量子科技已經讓我們看到了一種神奇的力量，一種具有無限潛力的科技力量。

Note